U0155793

我们的微生物世界

传染病防控科普读本

高　阳／编著

山东城市出版传媒集团·济南出版社

给孩子的科普博物馆

Preface | 前 言

　　求知是一个永恒的话题。

　　青少年时期，是人生中精力最旺盛、也是求知欲最强的一段时期。我们大概都有过这样的回忆：走在满天星空之下，抬头仰望，思考遥远事物的神秘和未来世界的神奇。正是这些时刻闪烁的火花，让一代代青少年在好奇心的不断驱使之下，一点点与科学产生了交集，继而使整个人类文明得以不断向前推进。

　　如今，人类文明进入一个高速发展的时代。

　　高速铁路遍布祖国南北，横跨欧亚大陆。

　　5G 技术引领了最新的技术创新浪潮。

　　人类已经登上月球，将数百颗卫星一次性撒进太空，还将跑车送进宇宙深处……

　　反物质、暗物质、上帝粒子……一个个陌生的名词，正在科学家们的努力下，一步一步揭开神秘的面纱。

　　未来似乎无比光明。但是，人类依然面临着挑战。

　　人类与瘟疫之间的战争，已经持续了上千年。在和平安逸的日子里，人类有时会忘记，历史上的几次疾病暴发，已夺走了数以亿计的生命。人类与疾病之间的抗争依然是这个星球上最残酷的战争。

也许有一天，随着基因技术的突破和应用，人类真的可以完全战胜疾病。但那一天还远远没有到来。现代的青少年，更需要拥有宽阔的视野、科学的头脑，去展望和迎接一个更加不可思议的未来。

　　于是我们编撰了这部科普书。

　　试想，在我们身边，有这样一座科普博物馆，里面馆藏丰富，各类知识或以文字，或以图像，或以裸眼立体成像等方式，将丰富的内容展现在每一个光临的人面前。博物馆里有一位美丽活泼的讲解员——丁小香。她亲切、热情，对每一位来到展馆的人，都能细致耐心地介绍人类文明的众多成果，还有已经成为历史的疾病。展馆的每一部分，都设置了与主题相关的导语，以名人名言的形式来呈现。

　　我们希望在这座博物馆里，青少年们不仅仅学到一些知识，更重要的是获得科学的意识、健全的思想以及健康的人格。

　　翻开这本书，就开启了一段难忘的旅程。

　　因编者学识水平有限，成书过程中疏漏在所难免。在此由衷地向特约专家苑广盈教授，以及为编者提供过帮助的张科同志、雷蕾同志表示感谢。参与本书编撰的还有杨欣欣、高丽丽、姚一鸣，在此也向他们表示感谢。

　　最后期望在后续的作品中，继续与大家相会！

游　者

2020 年 5 月于济南

讲解员人物卡片

姓名： 丁小香

身高： 155 厘米

血型： 无私的 O 型

星座：

向往无拘无束的生活、对世间万物都充满

兴趣的好奇宝宝——水瓶座

爱吃的水果：

猕猴桃、香蕉、梨

最喜欢的运动：

跑步、打羽毛球

兴趣、爱好：

追求未知，探究世界

目 录 | Contents

微生物与传染病综述

疾病一发现我们露出弱点，立刻会乘虚而入。

——英国生物学家 查尔斯·罗伯特·达尔文

① 奇妙的微生物世界

丁小香：

"两个黄鹂鸣翠柳，一行白鹭上青天。"诗句中的黄鹂、白鹭、翠柳等为我们构造了一幅春天的美丽画卷。这些动物、植物在大自然中随处可见，与人类相处甚好。但你也不要忽略我们的世界中那些肉眼看不到，却又真实存在的生物——微生物。微生物是一类结构简单、体形微小的生物体的统称。形形色色的微生物组成了一个奇妙的微生物世界，它们具有生命体的所有特征，可以由小变大，也可以繁殖后代。微生物种类繁多、数量庞大、分布极广。细菌、病毒、真菌等都属于微生物。

小贴士

细菌的种类最多，体积也最大，往往达到了微米级别；而病毒的大小多在 50 纳米到 100 纳米之间。

爸爸妈妈要求我们饭前要洗手，就是因为我们的手上有很多细菌和病毒，需要用肥皂、洗手液等杀灭它们，所以一定要讲卫生、勤洗手。细菌是所有生物中数量最多的一种，也容易被人类研究、利用。人类与细菌可以说是"相爱相杀"的关系。一方面，溶血性链球菌、流感嗜血杆菌、肺炎链球菌等有害细菌会使我们患上疾病，让人痛恨不已；另一方面，肠道中也有相当数量的有益细菌在帮助我们消化，维持我们的肠道健康。我们常喝的乳酸饮料是由乳酸菌发酵而成的，乳酸菌可以改善食品风味，提高食物消化率，在工业、食品、医药等与人类生活密切相关的领域都具有极高的应用价值。

病毒是另一种常常被提及的微生物。一种病毒只含一种核酸。病毒在细胞体内以自我复制的方式进行增殖。它们的体积极小，结构极简，繁殖能力极强。据统计，约有 60% 的动物和人类疾病是由病毒引起的。尽管名字有点吓人，带"毒"字的病毒也并不是一无是处。像金黄色葡萄球菌噬菌体、菜青虫颗粒体病毒等，对人类的生产生活是有益的。随着研究的深入，将来还会有更多的病毒为我们所用。

小贴士

病毒是一类不具有细胞结构的微生物，而且只有寄生在其他生物的活细胞内才能够存活下去。

每当夏天来临的时候，我们经常在垃圾桶附近闻到发霉的味道，这就是霉菌在作怪。霉菌是真菌的一种，比较常见的还有酵母菌，以及蘑菇、木耳等大型真菌。多数真菌对人类是有益的。比如说我们经常吃的馒头、面包等食物，就是用酵母菌作发酵剂制作的。真菌与我们的日常生活密切相关。青霉素可以治疗细菌感染的疾病，某些真菌还可用于防治农林害虫。真菌也能引起人和动物生病，但比起细菌和病毒来，它的危害相对要小一些。

小贴士

在微生物这个大世界里，有"好人"，也有"坏蛋"。我们应该辩证地看待这些微小的生物体，既要预防病原微生物的侵害，又要发挥有益微生物的作用。

许多疾病都是由病原体引起的。病原体是指可造成人或动植物感染疾病的微生物、寄生虫及其他媒介。其中，微生物占绝大多数，也称病原微生物，或致病微生物。这些"小不点"无处不在，相比于人类的出现，更是要早上很久。人类与病原微生物的战争从未停止，人类也未曾停下研究微生物的脚步。面对庞大的微生物世界，我们需要遵循的最佳生存法则就是：学会与微生物和谐共处。

❷ 谁引起了传染病？

丁小香：

　　健康的身体是我们每个人的财富。但是，由于各种各样的原因，我们往往不能一直保持健康。这时候，我们会说"生病"了。"生病"是一种很复杂的现象，简单地说，就是我们的身体不再保持正常的运转，生命活动变得异常了。

　　现代医学对人体的各种生物参数都进行了测量，其数值大体上服从统计学中的常态分布规律，即可以计算出一个均值和95%健康个体的所在范围。我们习惯上称这个范围为"正常"，超出这个范围，过高或过低，便是"不正常"，也就是说明我们"生病"了。

小贴士

"疾"，病字框，里面是一个"有的放矢"的"矢"字。这个"矢"就是"射箭"的"箭"。它告诉你，那些从外而来侵害你身体的东西，就像一个人朝你放的冷箭！

在生活中,我们常常会听到"传染病"这个词。那么,究竟什么是传染病?传染病又是怎样产生的呢?

传染病是指由病原体引起的,能在人与人或人与动物之间传播的疾病。由于病原体具有繁殖能力, 可以从一个人通过一定途径传播到另一个人, 使之产生同样的疾病, 所以称可传染性疾病, 简称传染病。病原体中大部分是微生物, 小部分为寄生虫, 寄生虫引起者又称寄生虫病。

小贴士

病原体种类很多, 一般包括病毒、立克次体、细菌、原虫、蠕虫、节肢动物等。

能使人生病的细菌、病毒等几乎无处不在，我们的身体无时无刻不处在病原体的包围之中。那么可能有人会问了，既然我们被这些看不见的"坏家伙"包围着，为什么不会一直生病呢？奥秘其实就在我们自己的身体里面。众所周知，一个国家要想不被外敌侵略，需要有一支强大的军队做支撑，而我们的身体也可以看作一个国家。当敌人——病原微生物入侵到体内时，我们身体里的"军队"就开始抵御外敌。这支军队就是我们体内的免疫系统。在双方的战斗中，"敌人"会有针对性地攻击我们的某些阵地，"军队"也会产生好的活性物质进行抵御。这反映在我们的身体上，就是体温升高、皮肤起红点、喉咙发炎等症状。

小贴士

多数单个病毒粒子的直径在 100 纳米左右，把 10 万个左右的病毒粒子排列起来才可能用肉眼勉强看到。

如果再说细一点，这些万恶的敌军也可以进一步分类，比如根据流感病毒的抗原结构，可以分为两大类：一类是奸细，负责游说我们的友军，一番暗中操作，它们就可以更容易地侵占我们的领地；另一类则负责强攻，它们用大炮、火箭等强硬武器，与我们的军队进行正面抗衡。

小贴士

免疫系统具有免疫监视、防御、调控的作用。这个系统由免疫器官、免疫细胞、免疫活性物质三大部分组成。免疫可分为先天性免疫和适应性免疫两种。

传染性是传染病与其他类别疾病的主要区别。病原体生长成熟后，从宿主排出体外，通过一定方式到达新的易感染者体内，这个过程呈现出一定的传染性。传染病的传染强度相差非常大，这跟病原体种类、数量、毒力、易感人群的免疫状态等有很大的关系，也跟地域、季节等有直接关系。

小贴士

因中间宿主易受地理条件、气温条件变化的影响，某些传染病常局限于一定的地理范围内发生。传染病的发病率在年度内有季节性升高，这跟温度、湿度的改变都有关系。

现代社会，医学技术已经有了很大的发展，在很大程度上遏制了传染病的大规模暴发和流行。在我国，天花已经被消灭；丝虫病、新生儿破伤风、白喉、流脑、脊髓灰质炎等基本绝迹；霍乱、鼠疫、血吸虫病、疟疾已基本消除；大部分传染病的发病率常年控制在极低水平。多年的传染病防控经验告诉我们，依靠现有的预防、控制、临床诊疗等技术手段，已知的传染病都是可防可控的。

面对传染病，我们既不能过分恐慌，也不能掉以轻心。2003 年的"非典"和 2020 年的新冠肺炎疫情告诉我们，新发的传染病的危险仍然需要时刻警惕。人类在抗击传染病的战斗中，仍然任重道远。

小贴士

已知的传染病都是可防可控的。

下面，我们就一起逐一揭开人类历史上那些重大传染病的神秘面纱吧！

人类历史上的重大传染病

人类的历史即其疾病的历史。

——瑞典病理学家 福尔克·汉申

❶ 骇人听闻的黑死病——鼠疫

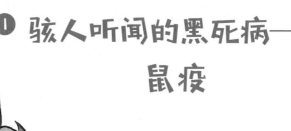

丁小香：

鼠疫是一种以老鼠和跳蚤为传播媒介、传播速度极快的传染病。它属于国际检疫传染病，也是我国法定传染病中的甲类传染病，在法定传染病中高居第一位。它传染性强，病死率高。患者一旦不幸患病，常常会伴有淋巴腺脓肿，皮肤出现难看的黑斑，俗称"黑死病"。

鼠疫为自然疫源性传染病，主要在啮齿类动物间流行，鼠、旱獭等是自然宿主，鼠蚤是它的主要传播媒介。所以说，鼠疫的罪魁祸首，正是人人喊打的老鼠！

小贴士

鼠疫属于甲类传染病。

在我国，国家规定的法定传染病有甲类、乙类和丙类3种。甲类传染病一共只有两个，那就是鼠疫和霍乱。所以它们也被称为"一号病"和"二号病"。乙类传染病包括传染性非典型肺炎、艾滋病、病毒性肝炎、人感染高致病性禽流感、甲型H1N1流感、狂犬病、炭疽、肺结核、白喉、淋病、梅毒、疟疾等。其中，乙类传染病中的传染性非典型肺炎、人感染高致病性禽流感、炭疽中的肺炭疽，还有2020年新近暴发的新冠肺炎，都需要采用甲类传染病的方法来强制管理！

　　听听，"一号病"！光听这个名字就知道鼠疫究竟有多么可怕了！在人类的文明史上，鼠疫始终是非常厉害的对手，因它而失去生命的人是以亿来计数的，远远超过了人类历史上的任何一场战争。

　　鼠类处于食物链底端，平时，它们有许多天敌，比如蛇、猫、鹰等。老鼠们在自然界被天敌不断捕食，一般不会繁殖得过多。鼠疫也就蛰伏不动，在大多数年份里难有暴发的机会，但当某一年的气候特别温暖潮湿时，鼠疫就可能局部暴发。

植被大量生长

野鼠迅速繁殖

带菌野鼠向外扩散

病菌经由跳蚤散播到人和家鼠身上

气候特别温暖潮湿

家鼠与人、人与人之间传播，鼠疫暴发

小贴士

鼠疫真正的传染源是
老鼠身上携带的跳蚤。

　　鼠疫的病原体是鼠疫杆菌，这是一类寄生在跳蚤身上的病菌。跳蚤是靠吸食老鼠的血液生活的，原本不会骚扰人类，但是鼠疫杆菌这个坏蛋的加入改变了这一切。鼠疫杆菌在跳蚤的消化道内大肆繁殖，堵塞了跳蚤的消化系统，因此跳蚤持续处于饥饿状态，不顾一切寻找可以吸血的机会，这时，人类就成为它下一个目标！

　　当鼠疫杆菌感染了人类后，会引发三类症状，分别称作腺鼠疫、肺鼠疫和败血性鼠疫。通常鼠疫的潜伏期很短，感染后1~7天就会出现急性发烧、寒战、头痛、虚弱、恶心、呕吐等全身症状，甚至有面色潮红或苍白、昏睡、意识模糊等表现。

　　（1）腺鼠疫，被带菌跳蚤叮咬，或皮肤接触带菌动物和伤口接触病人带菌分泌物后发作，以淋巴腺肿大疼痛和发烧为主要症状，是三类鼠疫中症状最轻、死亡率最低的一种，未经治疗的情况下死亡率约为50%~60%。

　　（2）肺鼠疫，感染后鼠疫杆菌蔓延至肺，或吸入鼠疫病人咳出的飞沫、痰液微滴后发作，以胸痛、咳嗽，痰中带血和呼吸困难为主要症状，死亡率极高，可达95%以上。

　　（3）败血型鼠疫，也称暴发型鼠疫，常在病人染病一段时间，免疫力大幅降低而病菌大量繁殖，侵入血流播散到全身后发作。感染严重的也可直接发作，以全身广泛出血（皮下黏膜出血、鼻出血、便血、血尿）为主要症状，病人常在发病一天内死亡，死亡率极高，接近100%。

小贴士

败血型鼠疫患者死亡极快，死后尸体皮下广泛出血，全身呈现黑紫色，给人们留下深刻印象，因而鼠疫获名"黑死病"。

鼠疫可以通过接触传播、飞沫传播，最重要的传播途径还是跳蚤叮咬。在中世纪的公共卫生环境下，想要控制住老鼠的活动基本是不可能的。所以，历史上每次鼠疫暴发，结果都会演变为横扫整个地球，这也就不稀奇了。

中世纪时期是欧洲历史上"最黑暗"的时代，而鼠疫的暴发又使其晚期被称为"中世纪最黑暗的时代"。因为整整300年左右的时间，由于医疗水平不发达，感染上鼠疫的患者没有任何治愈的可能，痛苦死去是几乎无法避免的结局。

在人类历史上，共有3次鼠疫大流行。

第一次大流行——查士丁尼大瘟疫

公元541—542年的查士丁尼瘟疫是人类历史上有记录的第一次鼠疫大流行。公元527年，查士丁尼一世继承了自己叔父的奥古斯都之位，成了东罗马帝国的实际控制者。在他的励精图治下，东罗马帝国迎来了短暂的复兴，昔日辉煌的罗马帝国似乎要重见天日。这时候，没有人想到，一场巨大的灾难正在悄无声息地逼近。

公元541年，鼠疫沿着埃及的培鲁沁侵袭罗马帝国。"查士丁尼瘟疫"在培琉喜阿姆发生后，迅速在拜占庭帝国境内扩散，不到半年的时间就横扫了众多的海港城市。据记载，瘟疫在君士坦丁堡城内前后共肆虐了4个月的时间，每天都有5000人至10000人死亡，最多时甚至达到1.6万人！当时的君士坦丁堡俨然成为人间地狱。

目前并没有明确的数字统计多少人因此死亡。根据历史学家估计，查士丁尼一世当时可能统治着2600万甚至更多的人口。但是这场大瘟疫却几乎杀死了其统治下的800万甚至是1000万人。也就是说，这次灾难导致这个强盛的帝国至少1/3的人口死亡。

从公元541年开始，鼠疫沿着海陆贸易网又扩散到西欧与不列颠。首先是法国，公元543年，法国西南部亚耳首先暴发鼠疫，接着又传染到爱尔兰与不列颠西部，公元588—590年，鼠疫横扫马赛、亚威农以及法国北部里昂地区的隆河流域……最后，死亡的数字已经达到了欧洲总人口的1/3。鼠疫不仅使整个地中海贸易大幅衰退，更造成了许多昔日王国的势力因此消失，改写了整个欧洲的历史。

第二次大流行——鼠疫肆虐欧洲

鼠疫在1346—1350年大规模袭击欧洲，短短几年时间，造成了欧洲人口急剧下降。1346年，鼠疫传到俄罗斯南部的克里米亚半岛。1347年10月，带有鼠疫病菌的老鼠藏匿在热那亚人的船上，从克里米亚半岛来到西西里岛东北的墨西拿港，该岛很快就布满了瘟疫。1348年1月，鼠疫侵袭威尼斯和热那亚两个港城，然后蔓延至整个意大利。佛罗伦萨受灾最重，当时城里共95000人，死亡人数就超过了55000。法国当局意识到情况不妙，赶忙驱逐了一艘带有鼠疫病人的游艇，但为时已晚，鼠疫已经在马赛登陆，并由此进入西班牙。一年以后，从爱尔兰、挪威到维尔茨堡、维也纳的广大地区都变成了鼠疫流行区域。但灾难并未就此结束，它无情地扫荡了德国北部和斯堪的纳维亚半岛后，于1352年"进军"俄罗斯……

根据保守统计，从1348年到1350年这短短的三年时间里，仅欧洲地区就有近3000万人因为鼠疫而失去生命。当时整个欧洲的人口也才刚刚超过1亿。也就是说，在欧洲，每三个人就有一个在这次可怕的大瘟疫中失去了生命。而欧、亚、非洲共5500万—7500万人在这场疫病中死亡。由于当时无法找到治疗药物，只能使用隔离的方法阻止疫情蔓延。此后在15、16世纪鼠疫又多次侵袭欧洲，鼠疫成了笼罩在人们头顶长达300年的噩梦。

有人认为，这场鼠疫的大流行严重打击了欧洲传统的社会结构，削弱了封建与教会势力，间接促成了后来的文艺复兴与宗教改革。

小贴士

意大利作家乔万尼·薄伽丘的代表作《十日谈》，正是在躲避这次瘟疫时创作的，书中记录了许多当时瘟疫横行的惨状。

第三次大流行——席卷亚欧的死神

鼠疫第三次大流行始于 19 世纪末，它是突然暴发的，至 20 世纪 30 年代达最高峰，总共波及亚洲、欧洲、美洲和非洲的 60 多个国家，死亡人数达千万人以上。此次流行传播速度之快、波及地区之广，远远超过前两次大流行。

关于这次流行的暴发起源地说法不一，但主流认为是 1855 年于中国云南。1894 年，鼠疫在广东暴发，并传至香港，经过航海交通，最终散布到所有有人居住的大陆，中国和印度估计约有 1200 万人死亡。此次全球大流行一直持续至 1959 年。

此次鼠疫大流行最大的影响就是找到了鼠疫的真正病因——鼠疫杆菌。1894 年，法国著名生物学家亚历山大·耶尔森成功发现了鼠疫的病原体，并于第二年研制出抗鼠疫的血清，从此人类终于拥有了对抗鼠疫的方法！

鼠疫带来的死亡和恐惧，超过了人类史上任何一场战争。除了疾病暴发直接带来的死亡和恐惧，它对后世的影响也是很大的。以英国为例，当时的英国是个典型的农业国。瘟疫之前，英国的情况是地少人多，而后来的情况却变成了地多人少。劳动者们有了更多的话语权，导致农奴制逐渐消亡。一部分敏锐的农民发现人手不足，种地忙不过来，于是干脆把种庄稼改成养羊，这样收益更高。于是，养羊业在英国逐渐兴起，很多人因此暴富。英国领先世界是从工业革命开始，而工业革命正是从羊毛纺织业大发展开始的。

中国古代也出现过多次鼠疫大流行。面对瘟疫，明末著名医学家吴有性在走访了全国的疫情之后，结合自身经验，创作出《瘟疫论》，开创了我国传染病学研究的先河。

小贴士

明末清初著名医学家吴有性，字又可，姑苏洞庭人。他提出疫病的病因是"非其时而有其气"，在当时具有一定的先进性。

由于鼠疫传播广、死亡率高，与之相关的一切都带给人恐怖之感，比如著名的"鸟嘴医生"。

其实呀，鸟嘴医生是当时欧洲的医务工作者，而不是很多人想象中"死神的化身"。他们将草药塞进鸟嘴，戴上面罩，每日走访和探视病人，这有点像如今我们医护人员佩戴医用口罩、穿防护服。在当时简陋的医疗条件下，正是他们想尽办法与瘟疫斗争，尽其所能去帮助患病的人。

小贴士

鸟嘴医生是最早的逆行者，是值得我们尊敬的人！

我国也是深受鼠疫影响的国家之一。新中国成立后，鼠疫得到了有效控制。但我国目前在多个省区仍然存在着不同类型的鼠疫自然疫源地，近些年依然有散发病例产生，因此，我国对鼠疫防控工作一直没有放松！

鼠疫非常可怕。那么我们居民应该采取哪些预防措施呢？我们一起来看一看。

（1）避免到疫区旅游或活动。

（2）避免接触啮齿动物，如鼠类或旱獭。

（3）严禁打猎，严禁剥食鼠、旱獭等动物。

（4）使用杀虫剂或驱避剂避免跳蚤的叮咬，避免处理不明原因的死鼠。

（5）避免与患有鼠疫的病人密切接触，与可能感染肺鼠疫的病人接触时，应戴上口罩，并勤洗手。

（6）若曾去过疫区或密切接触了鼠疫患者，应居家隔离观察9天。期间若出现发热、咳嗽、淋巴结肿大等任一症状时，应立即到附近医院就诊，并主动告知接诊医生自己的疫区旅游活动史。

（7）与鼠疫病例密切接触的人员，应遵循辖区疾控机构的管理。

怎么样，同学们？现在，你们都了解鼠疫是怎样的一种疾病了吗？那就请跟着我的脚步，去见识一下另一个传染病史上的大魔头——"霍乱"吧。

② 由污水引起的疾病 ——霍乱

丁小香：

霍乱是因为摄入的食物或水受到霍乱弧菌污染而引起的一种急性腹泻性传染病。它被称为"曾摧毁地球的最可怕的瘟疫之一"。由于霍乱来势凶猛，传播迅速，很容易超越国界而引起世界性大流行，因此霍乱属于必须实施国境卫生检疫的国际检疫传染病，也是我国强制管理的甲类传染病之一。霍乱发生的高峰期通常在夏季，患者能在数小时腹泻脱水甚至死亡，洗米水状的粪便是霍乱的特征。

小贴士

霍乱属于甲类传染病。

在我国，甲类传染病一共有两种。一种是我们在前面书中提到的鼠疫，而另一种就是我们现在所讲的霍乱了。因此它也被称为"二号病"。

既然霍乱的排位仅次于鼠疫，那么我们自然而然就能明白它的危险性了。每年，世界上大约有300万—500万霍乱病例，有10万—12万人因此死亡。

霍乱的传染源来自生活在
污水中的霍乱弧菌。

引起霍乱的元凶——霍乱弧菌通常生活在水中，它一般通过不干净的饮用水传播。霍乱弧菌能够通过污水寄存在肉类、牛奶、苹果等食物上数天，需要我们注意的是，日常生活的接触和苍蝇、蟑螂等也会引起间接传播。当人们食用被污染的食物或水时，细菌会在肠道中释放一种毒素，导致严重腹泻，即使不再进食也会不断腹泻。

霍乱的症状可能在感染几小时后就出现，也可能在感染5天后才出现。患者会突然腹泻，继而呕吐。症状通常很轻微，但有时也很严重。每20名感染者中就有1人会出现严重的水性腹泻并伴有呕吐，这会迅速导致脱水。如果不及时治疗，脱水会使人在几小时内休克和死亡。虽然许多受感染者可能只有轻微的症状或没有任何症状，但他们仍然会造成感染传播！

霍乱的滋生地是印度。19世纪以前，由于交通限制，医学史家形容霍乱是"骑着骆驼旅行"。

19 世纪以前，霍乱还仅仅是在印度发生。但让人们没想到的是，进入 19 世纪以后，由于轮船、火车，以及新兴工业城市的出现，霍乱开始向各个地方蔓延。100 多年以来，就有 7 次世界性大流行的记录，因为其中有 6 次发生在 19 世纪，所以霍乱也被称为"19 世纪的世界病"。

对于 19 世纪初的人们来说，这种可怕的瘟疫怎么发生、如何传播一直是未解之谜。我们拿英国举例，每天，这个国家的各个地方都有人因此去世。街道上没有人活动，人们到处寻找药物，做最后无力的挣扎。宗教领袖们把病魔的蔓延看作是上天对"人们的傲慢"的惩罚，许多人为自己的"罪孽深重"而祈求宽恕。当患者从肠痉挛到腹泻，到呕吐、发烧，在几天甚至几小时后面临死亡时，人们能够感受到的，除了恐惧，还是恐惧。霍乱导致的死亡人数无法估量，仅仅在印度，100 年间就死亡 3800 万人，欧洲则仅在 1831 年一年里就死亡了 90 万人。

霍乱共有 7 次世界性大流行记录。

第一次霍乱大流行——1817 年

印度的历史上，一直有水葬的习俗，也就是在人死后将他的尸体放入恒河顺流而下。在 1817 年那一年，由于恒河洪水突然泛滥，尸体携带的霍乱弧菌在恒河下游地区迅速流行开来，后来波及了整个印度，又传播到曼谷、泰国和菲律宾这些地区，1821 年传入我们国家东南沿海地区，造成霍乱在亚洲的暴发。这次大暴发到 1824 年才算基本结束。

第二次霍乱大流行——1827 年

1827 年,霍乱疫情在孟加拉地区突然出现,然后迅速扩散到整个印度。后来疫情又逐渐传入阿富汗,以及俄罗斯、德国、英格兰等众多欧洲国家,给这些地区的人们造成了重大伤害。

小贴士

英国医生约翰·斯诺追查到伦敦霍乱暴发的根源,继而引发了整个欧洲的公共卫生运动。

1832 年,霍乱在英国平息以后,人们开始对它进行理性地研究。英国医生约翰·斯诺发现,伦敦霍乱的大量病例都是发生在缺乏卫生设施的穷人区。他随后追查到伦敦霍乱暴发的根源,是一条叫布罗德街的街道上一台已经被污水污染的水泵。斯诺惊奇地发现,霍乱死亡的人数可以水泵为中心画一圈,这就是后来著名的"斯诺的霍乱地图"。

约翰·斯诺的这次发现,使伦敦开始修建公共供水设施,建立起大规模的伦敦供水网,全部配备压力和过滤装置,从而引发了整个欧洲的公共卫生运动。之后,这一运动又在"新大陆"美国重复,后来又来到日本、中国等亚洲国家,乃至全世界。供水和排水是城市卫生的大型工程,在 19 世纪更是具有里程碑式的意义。

第三次霍乱大流行——1839 年

1839 年，霍乱又在孟加拉地区卷土重来！这次，它在 1840 年就已经传播到了马来西亚、新加坡及我们国家东南部地区。随后在 1844 年传播到中亚、阿富汗和波斯等地区；1848 年又传播到西欧，经西欧传到美国等国家；到了 1855 年，疫情传到部分南美地区国家。这次流行面积相比前两次来说，范围更大，造成的危害也更加剧烈！ 20 年不到，霍乱就成了"最令人害怕、最引人注目的 19 世纪世界病"。

此后每隔几年到几十年，霍乱就会大流行一次。在前六次大流行中，仅仅是印度就死亡了约 3800 万人。霍乱造成的损失难以计算，给当时的人们带来了巨大灾难。

小贴士

霍乱到达埃及后，应埃及政府的邀请，德国著名的细菌学家罗伯特·科赫在当地进行了研究，发现了霍乱的致病菌——"逗号"杆菌，即霍乱弧菌。至此，霍乱的病因得到了确认。

罗伯特·科赫

第七次霍乱大流行——1961 年

这次大流行与前六次相比有一些不同。它是由埃尔托生物型霍乱弧菌引起的，菌源的变化导致流行性病学防控更加困难，也造成了世界范围内更大面积的感染。1961 年，从印尼苏拉威西岛向周边地区蔓延，波及了140 多个国家，报告病例至少有 350 万例。

哥伦比亚作家加西亚·马尔克斯创作的著名长篇小说《霍乱时期的爱情》所描述的时代背景正是霍乱时期，这本书被誉为"人类有史以来最伟大的爱情小说"。

《霍乱时期的爱情》号称"爱情的百科全书"，小说穷尽世间爱情，洞穿爱情真相，充满了对生活的思考。在这本小说中，加西亚·马尔克斯赋予了霍乱一种象征意味——爱情。因为霍乱能致人死命，也能让人懂得生之珍贵，激发出更加顽强的生命力。

霍乱弧菌虽然如此可怕，但是大家不用担心，我们也有处理它的办法。一般说，霍乱弧菌有六怕，也就是怕热、干燥、直射日光、酸、茶及一般的消毒剂。相反的，在低温、潮湿、碱、低盐以及低营养物的不良环境条件下霍乱弧菌是可以长期存活的。

（1）怕热不怕冷：霍乱弧菌对热敏感，在55℃湿热条件下10分钟就会死亡，如果在煮沸的情况下会立即死亡。

（2）怕干不怕湿：霍乱弧菌在干燥2小时或直射阳光下1—2小时即可死亡，但它可以在污染的潮湿衣服上存活5周。

（3）怕酸不怕碱：霍乱弧菌在酸性环境中可存活1—5分钟，霍乱弧菌耐碱力比较强，适宜在pH8.4—pH8.8的环境中生长。

（4）怕咸不怕淡：钠离子可刺激霍乱弧菌生长。

（5）怕氯不怕酒：霍乱弧菌怕各种含氯消毒剂，1%的漂白粉澄清液在5分钟就可以杀死这种菌。

（6）怕茶不怕奶：有人做过实验，将霍乱弧菌放入装有浓茶的试管中，证实了茶水可灭菌。病菌在4%的茶水中可存活1个小时，但是在乳制品中可存活2—3周。

我们虽然已经与霍乱斗争了200多年，但直到现在也没有彻底消灭它，它仍然在威胁着我们的健康。我们要想彻底消灭霍乱，还有很长一段路要走。世界卫生组织为此制定了终止霍乱的全球路线图，要求在国家层面实施新的全球霍乱控制战略，力争到2030年，各国霍乱致死人数减少90%。通过该战略，至少20个国家可以在2030年之前消除该疾病的传播。那么对于霍乱我们应该采取哪些预防措施呢？我们一起来看一看吧。

（1）控制传染源：国内各医院设置腹泻门诊，及时发现病人，及早隔离治疗。对密切接触者检疫5天，也可给予预防性服药，防止霍乱在国家间的传播。

（2）健康教育：要大力加强以预防肠道传染病为重点的宣传教育，提倡喝开水，不吃生的、半生的食物，生吃瓜果要洗净，饭前便后要洗手，养成良好的卫生习惯。

（3）加强饮用水卫生：要加快城乡自来水建设。在一时达不到要求的地区，必须保护水源，改善饮用水条件，实行饮水消毒。

（4）抓好饮食卫生：严格执行《中华人民共和国食品卫生法》，特别要加强对饮食行业（包括餐厅、个体饮食店、摊点等）、农贸集市、集体食堂等的卫生管理。

（5）严格进行疫点疫区处理：一经发现病人，必须迅速进行流行病学调查，划定疫点疫区。对疫点要进行严格的终末消毒；在疫区内要全面、细致地进行预防工作，搞好"三管一灭"（管水、管粪、管饮食和消灭苍蝇），主动查治病人，切实落实各项预防措施。

❸ 世纪瘟疫——艾滋病

丁小香：

提到传染病，就不能不说到艾滋病。从几十年前在美国首次被发现，直到今天，对人类来说艾滋病仍然是一种危害性极大的传染病。HIV病毒是导致艾滋病的"元凶"，它是一种能够感染人类免疫系统细胞的病毒，因此艾滋病又被称为"获得性免疫缺陷综合征（AIDS）"。纵观整个世界，艾滋病已经导致近1200万人死亡，超过3000万人受到感染。更可怕的是，至今我们还没有疫苗用于预防艾滋病，发病后也没有特效药可以进行治疗。由于死亡率极高，艾滋病被称为"20世纪的瘟疫"。

第一次有关艾滋病的正式记载是在 1981 年。1982 年，这种疾病被命名为艾滋病。

面对可怕的艾滋病，人们无不谈"艾"色变，畏之如虎。那么，第一例艾滋病是什么时候出现在人们视线中的呢？

世界上第一例有记载的艾滋病出现在 1981 年。1981 年 6 月 5 日，美国疾病预防控制中心在《发病率与死亡率周刊》上接连刊登了 5 例艾滋病病人的病例报告，首先向世界公布了这一新型传染病。

在美国公布这一传染病的第二年，也就是 1982 年，这种传染病被正式命名为"艾滋病"。并没有给人们太多反应时间，艾滋病迅速"攻城掠地"，蔓延到了各个大洲。我国第一次发现艾滋病病例是在 1985 年。当时，一位来华旅游的阿根廷青年突然病发入住北京协和医院，不久后死亡，后被证实死亡病因是艾滋病。2015 年 3 月 4 日，多个国家的科学家发现已知的 4 种艾滋病病毒毒株均来自喀麦隆的黑猩猩及大猩猩，这是人类首次完全确定艾滋病病毒毒株的所有源头。

目前已知的艾滋病病毒毒株共有 4 种，分别是 M、N、O、P，每种各有不同源头。其中，传播最广的是 M 和 N，早先便已被证实来自黑猩猩，但是比较罕见的 O 和 P 则是直到后来才被证实均是来自喀麦隆西南部的大猩猩。

大猩猩

黑猩猩

小贴士

艾滋病的潜伏期足有 8 到 9 年。

HIV 病毒在人体内的潜伏期平均为 8 到 9 年。在艾滋病病发以前，病毒携带者可以没有任何症状地生活和工作多年。

罹患艾滋病早期，人的身体会逐渐发生一系列的症状。

呼吸症状：在艾滋病发病初期，潜伏的艾滋病病毒会诱发肺部并发症，从而导致一系列呼吸症状，如长时间咳嗽，感觉呼吸困难等。

淋巴结肿大：身体的淋巴结突然出现肿胀，但是找不到致病因素。颈后部和腋窝下的淋巴结发生肿胀是最常见的。

皮肤损伤：很多人平时可能会有皮炎和青春痘等皮肤病，所以可能不太关心某些皮肤损伤的发生。但是皮肤和黏膜也是人体感染艾滋病病毒的主要部位之一。皮疹、全身瘙痒、口腔和咽黏膜炎症等皮肤病变是艾滋病常见的初始症状。

消化道症状：消化道症状同样是艾滋病早期容易出现的症状之一，如食欲不振、厌食，甚至呕吐。因此，出现消化道症状，需及时进行治疗。若常规治疗没有效果，应引起高度重视。

在病毒潜伏期内，多数艾滋病病毒携带者和正常人在外表上是一样的，无法从外表上看出是否感染了艾滋病。即便有的人会有一些症状，也并不是艾滋病感染者所独有的，所以仅凭这些症状，不能确定其是否感染了艾滋病。要想了解是否感染了艾滋病，只能进行艾滋病检测，这是唯一的确认途径。

小贴士

蚊子不会传播艾滋病。

艾滋病的传播途径有三种：母婴传播、血液传播以及性传播。其中，血液传播是艾滋病传播的重要途径。有些人认为蚊虫叮咬可以传播艾滋病，这是不正确的。蚊子用来进食的"针头"，也称为"口器"，构造十分独特。它并不是单独的一根，而是由6根口针组成，上唇1根，上颚2根，下颚2根，舌1根。简单来说，在蚊子叮咬的时候，蚊子首先从一个管道先注射唾液进入人的皮肤（这也是其他虫媒传染病传播的关键一步，蚊子的唾液中含有抗凝血和麻醉成分），然后再通过另一个完全独立单向的食物管道吸血后流进自己的肚子里。因此，同一只蚊子先后叮咬了艾滋病病毒携带者和健康人，不会导致后者感染。而且血是蚊子的食物，蚊子在吸血时是不会把之前吸过的血吐出来的，它们只会把血液留给自己慢慢享用。

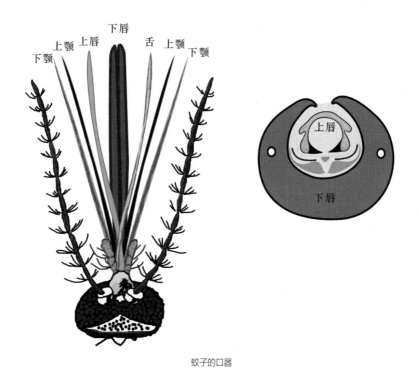

蚊子的口器

　　蚊虫叮咬艾滋病病人后，体内及口器上的病毒数量是很低的，这种数量不足以传播 HIV 病毒。病毒想要通过蚊虫繁殖并传播，就必须要和蚊虫某些细胞表面特定的受体相结合才能进入蚊虫细胞内部，只有这样才能够增加病毒数量，并传播给人类。但是蚊虫体内的细胞并没有艾滋病病毒相应的受体，因此也就不能传播 HIV 病毒。迄今为止，即使是艾滋病的高发地区，也未发现有蚊虫传播艾滋病的现象。

　　虽然艾滋病病毒无法通过蚊虫叮咬传播，但由于蚊虫叮咬会引起身体不适，还有可能传播登革热、流行性乙型脑炎、疟疾等其他一些传染病，因此我们也要积极做好灭虫防蚊工作。

小贴士

每年的 12 月 1 日是世界艾滋病日。

为提高人们对艾滋病的认识，更好地普及防艾知识，世界卫生组织于 1988 年 1 月将每年的 12 月 1 日定为世界艾滋病日，号召世界各国和国际组织在这一天举办相关活动，宣传和普及预防艾滋病的知识。

世界艾滋病日的标志是红绸带。红绸带像条纽带，将世界人民紧紧联系在一起，共同抗击艾滋病。它象征着我们对艾滋病病人和感染者的关心与支持；象征着我们对生命的热爱和对和平的渴望；象征着我们要用"心"来参与预防艾滋病的工作。

自从 1981 年世界第一例艾滋病患者被发现以来，艾滋病在全球肆意横行，已经引起了重大的公共卫生问题和社会问题，也引起了世界卫生组织及各国政府的高度重视。世界艾滋病日自设立以来，每年都有一个明确的宣传主题。1988 年，第一个世界艾滋病日的主题是"全球共讨，征服有期"，要求世界各国广泛开展预防艾滋病的教育活动，使人们都了解艾滋病的严重危害，掌握预防艾滋病的知识，最大限度地动员社会公众参与预防艾滋病的活动，以争取最后终止艾滋病的流行。

小贴士

只要补救及时，艾滋病是可以被阻断的。

从医学上讲，即使真的被感染，体内检测出艾滋病病毒也得需要几周甚至几个月的时间。在这之前，我们依然可以选择阻断病毒传播，拯救自己。

服用 HIV 阻断药是一种极有效的补救措施。HIV 阻断药，即暴露后预防的药物，通常指的是在发生高危行为之后，用来防止 HIV 病毒扩散的药。阻断药之所以能发挥作用，是因为它能够切断艾滋病病毒复制的过程。本来病毒侵入身体依靠的就是病毒的不断复制，而阻断药可以防止病毒从已感染的细胞扩散从而感染更多的细胞。以黏膜组织接触到艾滋病患者的血液为例：病毒先侵犯黏膜部位，穿过黏膜屏障后进入人体的组织、细胞、淋巴结，并在淋巴结繁殖，最后进入血液。阻断的原理是在病毒到达血液之前将病毒杀死，以达到阻断目的。

阻断药的成功率极高。据统计，我国每年有 700 到 1000 名医生、警察等由于工作中不慎接触艾滋病患者或 HIV 感染者的血液等服用阻断药，没有一位因职业暴露而感染。

发生暴露后，越早服用阻断药，药物的血药浓度就能越早升上去，以保证在病毒进入血液前起效。这是一个药物与病毒赛跑的过程。最佳的阻断时间是 2 小时，阻断成功率在 99% 以上。之后，成功率会开始逐渐下降，但 72 小时内仍有较高的成功率，被称为"黄金 72 小时"。

小贴士

艾滋病无法治愈，只能依靠预防。

艾滋病防治的难点在于无法治愈。目前，全世界还没有研制出彻底治愈艾滋病的药物，也没有预防的疫苗。在当前的医疗水平下，艾滋病患者或感染者必须终身用药。因此，防艾宣传教育尤为重要，预防就是最好的"疫苗"。

我们在平时需要做到：

（1）严禁吸毒，不与他人共用注射器。

（2）不擅自输血和使用血液制品，必要时要在医生的指导下使用。

（3）生病了要到正规医院就诊。

（4）不要与他人共用毛巾、牙刷、剃须刀、刮脸刀等个人用品。

（5）杜绝高危性行为。

（6）避免直接与艾滋病患者的血液、乳汁等接触。

④ 第一个被彻底消灭的传染病——天花

丁小香：

现在我们讲述的是大名鼎鼎的天花。天花是"传染病大军"中的第一个人类的"俘虏"——世界范围里首个被人类消灭的传染病。它也是最古老、死亡率极高的传染病之一。

天花是由天花病毒引起的一种烈性传染病。天花病毒是直径只有20到400纳米的微生物，传播速度极快。这类传染病有自身的特点，就是患者痊愈之后可获终生免疫，但它的传染性极强，病情严重，染病后死亡率高。没有患过天花或没有接种过天花疫苗的人，均能被感染，所以天花是一个无论贫富贵贱"人人平等"的传染病。

天花面前，"人人平等"

至今发现的最早一例天花病例出现在 3000 多年前的古埃及。

在 3000 多年前的古埃及，法老拉美西斯五世突然患上了一种奇怪的疾病。某一天，他无缘无故发起了高烧，头痛欲裂。各种降温方式都没有用。3 天之后，他的身上出现了密密麻麻的红色疹子。这些疹子越来越大，渐渐开始化脓。又过了一段时间，化脓的疹子开始干瘪，并开始形成厚厚的痂。又 1 个月过去了，这些痂才开始慢慢脱落。法老保住了性命，可这不知从何而起的神秘疾病，在法老的脸、脖子、肩膀上面，永久地留下了丑陋的疤痕。

就这样千年时光流逝，当拉美西斯五世的陵墓被考古学家打开时，早已成为木乃伊的拉美西斯五世身上还有着天花留下的疤痕。考古学家和古代病理学家认为，拉美西斯五世就是迄今为止人类历史上已知最早的一个天花病例。

据此推算，早在公元前1161年，天花就开始在埃及肆虐了。仅16至18世纪，亚洲每年就约有80万人死于天花。而18世纪的短短100年间，欧洲死于天花的人高达1.5亿。在当时，天花的致死率超过30%，所以有史学家将此称之为"人类史上最大的种族屠杀"。

小贴士

人类是天花病毒唯一的宿主。

天花的传染源是天花患者，从感染病毒到结痂期间均具有传染性。患者传染性最强的阶段是出疹期间。更可怕的是天花病毒的生命力极强，甚至可以在疮痂中存活数年。在自然条件下，天花病毒在离开人体几周时间内仍然具有致病性。

天花的传播途径有很多，患者呼吸、咳嗽、打喷嚏等产生的飞沫，患者皮损部位接触，甚至是患者的衣物、床上用品等都成为天花病毒蔓延的温床。

天花病毒的具体来源至今是谜，也许刚开始只是家畜身上一种相对无害的痘病毒，病毒经过进化和变异后才形成了天花这种人类疾病。而病毒的进化和变异过程很可能在人类进入农业时代之后就已经开始了。人们驯养动物，并和它们生活在一起，甚至常常处在同一空间内，为天花病毒的进化提供了便利。还有一种可能是源于人类与野生动物的接触，就像因为食用野生动物导致的各类传染病一样。

小贴士

天花病毒的潜伏期约为 12 天，暴发性感染患者通常在 3 到 5 天内就会死亡。

人体感染天花病毒后的潜伏期平均约为 12 天。感染后的初期症状有高烧、疲倦、头疼、心跳加速及背痛。在 2 到 3 天之后，典型的症状——天花红疹便会明显地分布在脸部、手臂和腿部。在发疹的初期，还会有淡红色的块状面积出现。这些红疹在几天之后开始化脓，两个星期之后开始结痂。接下来的三四周慢慢发展成疥癣，然后慢慢剥落。

在潜伏期内，一些患者还会做三四天的噩梦。潜伏期结束时，患者高烧会减退，并感觉病情好转，但其实是假象！因为这恰恰是病毒开始肆虐的前夕，这时在患者身上会生出其标志性的红疹，向人们宣告它的存在。

通常情况下，这些浅红色的扁平痘疹会首先在患者脸部"活跃"，紧接着扩散到胳膊、胸部、背部，最后到达腿部。之后几天内，这些扁平的痘疹开始肿胀，先是发展为丘疹，接着变成水疱，然后是脓疱，之后脓疱干裂，开始变成硬壳或结痂。这个过程并不容易熬过，伴随起疹的是难忍的疼痛，以及全身的肿胀。最严重时，这些脓疱会密集成堆，使患者的皮肤变得蜡黄。人们一旦被传染，也就只能听天由命。暴发性感染患者通常在3到5天内就会死亡，有些人则甚至在红疹出现前就已死亡。

天花的致死原因一般为无法控制的毒血症，或大出血。天花的死亡率虽然比鼠疫、肺结核等传染病要低，但由于天花"人人平等"的特点，它对人类社会的破坏性也是排在众多传染病前列的。天花造成的有证据可考的死亡人数就在数亿以上。

天花除了发病率高，更可怕的是会给患者的一生留下不可磨灭的印记。患者即使幸运地活了下来，康复后也会满脸麻子。例如康熙就因为天花而留下了"麻子脸"。我国还有"孩子生下才一半，出过天花才算全"的说法。因为发病率太高，古代大街上随便找一个人就很有可能是"麻子脸"。

小贴士

天花大约在汉朝传入我国。

天花大约是在汉朝时由战争的俘虏传入我国。到了清朝，天花开始变本加厉。清军在 1644 年入关，在乱世之中天花病毒也趁火打劫，迅速地传播开来。关内的各民族大多已经和天花病毒斗争了 1000 多年，积累了比较丰富的预防经验，体内已有比较强的免疫抗体，但长期生活在白山黑水的满族人由于基本未与天花接触，其对天花病毒的抵抗能力几乎为零，患者十之八九都会命丧黄泉。

历史上，康熙帝与天花还有一段渊源，他就是因为天花而上位的皇帝。顺治帝福临目睹众多皇族亲友被天花夺去性命，在顺治十七年，福临的爱妃董鄂妃因患天花去世，次年正月福临也染上了天花。因此在选择皇位继承人的重大问题上，德国传教士汤若望建议选择当时年仅 8 岁的玄烨，也就是后来的康熙帝。选择玄烨的理由很简单，玄烨在两岁的时候出过天花，今后他便不会再受到天花病毒的威胁，更不会因此丧命。

小贴士

我国古代预防天花的方法有痘衣法、痘浆法、旱苗法、水苗法等。

我国从 16 世纪以来，就已逐步推广人痘接种术，并且世代相传。清初著名医学家张璐和吴谦在所著《张氏医通》和《医宗金鉴》中介绍了痘衣法、痘浆法、旱苗法、水苗法等多种种痘方法。

痘衣法是取天花患儿贴身内衣，给健康未出痘的小儿穿两三天，以达种痘之目的。痘浆法是将蘸取痘疮浆液的棉花塞入接种儿童鼻孔中。旱苗法是把痘痂研细，用银管吹入儿童鼻内。水苗法则是将痘痂研细用水调和，用棉花蘸取后塞入未患病儿童的鼻腔内。这四种方法都是通过接触病患的衣物或痘痂等让未患病者感染，使之产生抗体来预防天花。

　　康熙皇帝于 1682 年曾下令各地接种痘苗，至此，种痘术在全国范围内推广。人痘接种法的发明，很快引起国外注意。俄罗斯开始派留学生来中国学习这种方法。后来，种痘法经俄国又传到其他国家。1796 年，英国科学家爱德华·琴纳发明了一种危险性更小的接种方法——牛痘接种法。牛痘的发现与培育，我们会在之后的内容中详细讲一讲。

 小贴士

1980 年 5 月，世界卫生组织宣布人类成功消灭了天花。

从公元前 1145 年拉美西斯五世之死，到 1980 年天花被宣布根除，这一曾经让人类恐惧的传染病，在历史上至少肆虐了 3000 多年。

在我国，随着 1961 年最后一例天花病人痊愈，我国境内再未出现过天花病例。

1977 年 10 月 25 日，在非洲索马里发现一个天花病人。之后整整两年中，全世界再也没有出现天花病人。天花——人类历史上最致命的流行病之一，从此绝迹。

1980 年 5 月，世界卫生组织在第 33 届世界卫生大会上庄严地宣布，经过世界各国的努力，人类已经彻底消灭了天花。迄今为止，天花是人类通过自己的努力，用科学方法消灭的唯一传染病。

⑤ 新世纪以来对人类具有严重威胁的疾病——"非典"

丁小香:

"非典"是"传染性非典型肺炎"的简称。2003 年"非典"是由 SARS 冠状病毒所引起的急性呼吸道传染性疾病,又叫"严重急性呼吸综合征"。它的症状和其他的非典型性肺炎有些相似,但是传染性极强,所以被称为"传染性非典型肺炎"。由于"非典"有高致病性、高传染性、高致死率等特点,我国已将它列入《中华人民共和国传染病防治法》规定的乙类传染病,并规定按甲类传染病进行报告、隔离治疗和管理。

小贴士

SARS 冠状病毒是引起非典型肺炎的元凶。

　　SARS 病毒是引起非典型肺炎的病原体，它是冠状病毒的一个变种。感染"非典"的症状和感冒十分相似，但是会有严重的急性呼吸综合征。SARS 病毒对温度很敏感，冬季和早春是该病毒疾病的流行季节，所以这也是为什么人们往往把"非典"当成流感的原因。SARS 病毒还可能引起休克、心跳不稳或心功能不全、肾和肝功能损害、败血症、消化道出血等表现，这也是造成"非典"感染患者死亡的原因。

　　"非典"的潜伏期是 1—16 天，常见为 3—5 天。它通常起病急，传染性强，以发热为首发症状。青壮年更容易发病，儿童和老年人则相对少见。这种疾病为呼吸道传染性疾病，主要传播方式为近距离飞沫传播或接触患者呼吸道分泌物传播。人们一旦被传染，就会出现发热、全身肌肉关节酸痛、头痛、乏力、咳嗽、咳痰、腹泻等症状，严重者会出现呼吸困难，甚至呼吸窘迫。单纯的肺部感染，只要病人没有死亡，肺部功能恢复就算治愈。但是病人感染"非典"后出现的并发症很多，如肝功能障碍、肾功能障碍等，所以并不是所有人都能完全恢复。

　　"非典"跟天花一样，患者只要感染一次以后就会产生抗体，对于基因没有改变的同种病毒，不会再感染第二次。但众所周知，病毒非常容易变异，变异的病毒仍然会感染患者。因此，即使感染过"非典"的人，当再次出现"非典"流行时，依然要保持高度警惕。

2002年，"非典"首先在我国广东省被发现。

　　2002年12月10日，一位来自广东省河源市的农民黄杏初发烧住进了医院。他是至今有据可查的第一位"非典"病人，后来被学界命名为SARS病毒的起点。

　　虽然黄杏初入院时医生对他的病状感到不解，但并没有过多担忧。正当所有人都以为这只是一起由普通感冒引起的肺炎时，河源市人民医院却突然传来消息，曾治疗与接触过黄杏初的所有医护人员，都出现了相同症状！此外，远在200多公里外的广东省中山市也出现了相似病例。出于种种原因，当年我们没有在第一时间采取有效的隔离措施，这让SARS病毒成功搭乘春运这趟列车，席卷了全国各地，甚至整个亚洲。

　　2003年，"非典"在国内迅速传开，尤其在2003年5月，北京和香港的疫情最为严重。当时有人认为坐公交车都会被传染，并且一旦染病无法治疗。甚至有病人拒绝进入为抗击"非典"建设的医院——小汤山医院，认为自己很可能会一去不返。随着时间的推移和各方的努力，应对"非典"的方法和措施不断成熟。2003年夏季，被感染患者人数日益减少，病情最终得以控制。2003年11月，广州再次出现零星病例。2004年3月，北京再次发现SARS疑似病例，但庆幸的是它们都没有再次演变成疫潮。

　　因为这场突如其来的风波，国内许多大学的正常教学进度被打乱。北京市的中小学全面停课，全国很多省市也实行了中小学全面停课。一些地区改变了以往的考试执行顺序，如北京采用了等分数揭晓后再填报志愿的顺序。

　　据世界卫生组织最终的统计结果，全球累计"非典"病例共8000多例，涉及32个国家和地区。全球因"非典"死亡900多人。其中，我国"非典"病例为7747例，死亡829人，是遭受"非典"危害最严重的国家。

　　最初，人们认为"非典"的传染源是果子狸。因为在当年的调查中，最早的11个病例大多和野生动物有接触的历史。顺着这条线索，科学家们追踪到广东野生动物市场，并很快在市场上贩卖的果子狸体内分离和检测到和人群中流行的SARS病毒高度相似的病毒。但后期研究表明，果子狸只是 SARS 病毒的中间宿主，多项实验结果均将 SARS 病毒的自然宿主指向了蝙蝠。

蝙蝠体内的 SARS 冠状病毒感染了果子狸，果子狸被贩卖到了广东。病毒通过市场上的果子狸感染了人类，这是专家最终推测的病毒传播路径。

小贴士

在高温或高湿环境下，SARS 病毒不易传播。

"非典"的传染性如此之强，导致当年的人们每天都是提心吊胆的。那么这么可怕的疫情，最后是怎么结束的呢？除了通过有效的隔离使各个传播途径都被切断，还有一部分原因是天气变暖，气温升高。SARS病毒在高温高湿的环境里死得快，这也是热带国家没有出现大规模疫情的原因。后来还有研究显示，较气温高的日子，气温低的日子里 SARS 发病率高出了 18 倍。虽然 2003 年 "非典" 被成功控制，但是并没有针对 "非典" 的特效药物，直到今天，"非典" 疫苗也还没有研制出来。

在整个抗击 "非典" 的过程中，我们的医护人员、科研人员，甚至是普通群众都为此付出了巨大的努力。大家团结一心，众志成城，用责任和信念坚守在抗击 "非典" 的第一线。

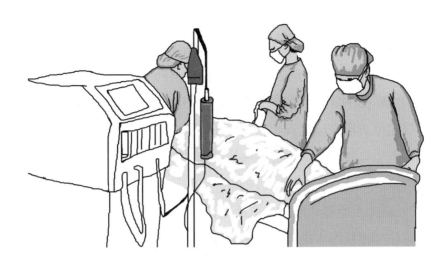

 小贴士

钟南山，毕业于北京医学院（现北京大学医学部），中国工程院院士，著名呼吸病学专家，现任国家呼吸系统疾病临床医学研究中心主任，国家卫健委高级别专家组组长。在2003年"非典"肆虐时期，他主持了广东省的"非典"防治工作，是我国抗击"非典"的领军人物。

2002年年底，"非典"在广州迅速传播，病情随着感染人数的增多变得更加严重。钟南山院士被广东省卫生厅任命为专家组组长，开始着手进行病人的救治。从2002年年底收治的第一位患者到2003年7月最后3位"非典"病人出院，钟南山院士所在的医院医务人员连续奋战193天，创下了全国医院"非典"防治工作的纪录！

应对非典型肺炎的措施，我们大体分为以下几种：

（1）及时隔离并治疗患者：对临床诊断病例和疑似诊断病例应在指定的医院按呼吸道传染病分别进行隔离观察和治疗。

（2）隔离观察密切接触者：对医学观察病例和密切接触者，如条件许可应在指定地点接受隔离观察，为期14天。在家中接受隔离观察时应注意通风，避免与家人密切接触，并由卫生防疫部门进行医学观察，每天测量体温。

（3）减少大型群众性集会或活动，保持公共场所通风换气、空气流通；排除住宅建筑污水排放系统淤阻隐患。

（4）保持良好的个人卫生习惯，勤洗手，不随地吐痰，避免在人前打喷嚏、咳嗽、清洁鼻腔；确保住所或活动场所通风；少去人多或相对密闭的地方；外出应注意佩戴口罩。

（5）保持乐观稳定的心态，均衡饮食，多喝汤饮水，注意保暖，避免疲劳，保证足够的睡眠，在空旷场所做适量运动等，这些良好的生活习惯有助于提高人体对疾病的抵抗能力。

❻ 不断暴发的禽流感

丁小香：

相信同学们一定不时有个打喷嚏、流鼻涕的情况，说不定你看到这里的时候还在拿着纸巾擤着鼻涕，也有可能你前几天曾经"阿嚏"个不停。流感是每年的"常客"，我们生活在这个充满着病毒与细菌的世界中，没有一个人是能百毒不侵的，谁也不可能健健康康地生活一辈子。当我们降生到这个世界的那一刻，我们就已经处在各种看不见的微生物怀抱里了。

小贴士

婴儿出生后，10 秒内就会被细菌彻底包围，并相伴终生。

　　人的"外敌"有很多，禽流感算是比较常见、机动性强的一种。禽流感是禽流行性感冒的简称，是由甲型（A 型）流感病毒引起的一种禽类传染病。许多家禽和野禽都对禽流感病毒敏感，例如鸡、鸭、鹅、鹌鹑、鸽子、鹦鹉、孔雀、海鸥、燕子、鹭、斑头雁等。除了禽类之外，猪、马等也可以感染禽流感病毒。猫、狗、老鼠等感染禽流感的可能性较低，但是并不排除有感染的可能。

　　这里注意了，我们了解到哪些动物容易携带禽流感病毒还是不够的，毕竟在乡下，你有时候躲都躲不开。家禽如果感染了禽流感，会出现食欲不高、产蛋量下降的情况；它们的呼吸道也会被感染，具体表现为咳嗽、流鼻涕、流眼泪、头部水肿；神经系统会出现紊乱；肚子也会遭毒手，腹泻在所难免。如果家禽没有这些症状，那我们还是可以稍稍放宽心的。

现在我们来详细说说禽流感病毒吧。根据禽流感病毒的致病性，禽流感病毒可分为三种，分别是高致病性禽流感病毒、低致病性禽流感病毒和无致病性禽流感病毒。其中，高致病性禽流感病毒比较少见。

小贴士

我国 2013 年暴发的 H7N9 亚型禽流感病毒是甲型流感中的一种。

2013年3月底，H7N9型禽流感在上海和安徽两地被率先发现，这是全球首次发现的新亚型流感病毒。如果人们被这种流感病毒感染了，一开始会出现发热的症状，如果没有及时医治，症状会越来越严重，到最后，我们体内的"军队"可能就扛不住了，会有死亡的风险！

香港1997年也发生过禽流感感染事件，H5N1型禽流感首次在香港感染人类，其所带来的社会影响和经济影响都不算小。抛开国内不看，国际上也饱受禽流感所带来的困扰。早在1878年，意大利就出现了禽流感的报道，那时人们称之为"鸡瘟"。到1955年才证实鸡瘟病毒实际上就是A型流感病毒。至2003年，禽流感已波及亚洲、美洲、非洲等45个国家。2006年10月到12月，受禽流感影响，我国养禽业的损失达到600亿元。

当然了，我们也不必太过慌张，认为所有的动物身上都有流感病毒，甚至家里的小猫小狗也碰不得。事实上，病毒这些"外敌"要入侵也是挑对手的，如果我们的"领土"不适合它们生存，那就对我们没有危险。这种种属屏障保障了我们在大多数情况下是可以安心学习和生活的。世界上的禽流感病毒类型多得超过我们的想象，不过，只有极少数的才会在偶然的情况下感染人。

小贴士

最简单的病毒中心是核酸（DNA或RNA），其外部包着1层有规律地排列着的蛋白亚单位，称为衣壳。较复杂的病毒外边还有由脂质和糖蛋白构成的包膜。

目前，已经确认的会感染人的禽流感病毒有 H7N9、H5N1、H9N2、H7N2、H7N3、H7N7、H5N2、H10N7 几种，患病症状主要表现为呼吸道症状、结膜炎，严重的会威胁人们的生命。其中，感染 H7N9、H5N1 的患者病情重，病死率高。高致病性 H7N9、H5N1 禽流感病毒侵入我们的身体后，通常表现为高热等呼吸道症状，往往很快发展成肺炎，甚至出现急性呼吸窘迫综合征和全身器官衰竭。

同学们不妨想一想，不论是小学还是高中，一个班四五十人再常见不过。我们这么多人挤在一间教室里，你打个喷嚏，里面的飞沫甚至能扩散到整个班级。在这样的环境下，勤通风、戴口罩等防护措施对我们来说就显得尤为重要。

小贴士

我们在打喷嚏时会有 1000 至 40000 粒飞沫高速喷出，时速可达 177 公里。这些飞沫能够传播细菌或病毒，进而传播疾病。

　　我们应该在日常生活中养成良好的生活习惯，饭前便后要洗手；没事的话少打游戏，到外面呼吸新鲜空气、活动活动，加强体育锻炼；累了要早点休息，不要熬夜，避免过度劳累；打喷嚏或咳嗽时要掩住口鼻，更不能对着人做这些动作。还有就是保持室内卫生，家里的垫子和毯子要经常更换清洗，保持地面、天花板、家具及墙壁清洁干爽。要知道，潮湿的环境可是邪恶的细菌、病毒们最喜爱的场所。家里是木地板的同学更要注意保持地板的干燥。其中，厨房和厕所是重灾区，在厨房做完饭要清理，在厕所里洗完澡也要记得把地拖干净。另外，要确保排水道通畅，保持室内空气流通。最好每天开窗换气两次，每次至少10分钟，或使用抽气扇保持空气流通。

　　再者，我们要时刻注意饮食卫生。大鱼大肉虽然好吃，但一定要把它们彻底做熟了才可以放心吃下肚；蛋类也要彻底煮熟。有些溏心蛋看起来非常诱人，但那实际上是半生不熟的状态，窝藏其中的细菌、病毒并没有被足够高的温度杀灭，这种情况下吃它是有风险的。加工、保存食物时要注意生、熟分开，动物的内脏也要注意清理，解剖活死家禽、家畜后要用肥皂彻底清洗手部。如果你是个持家的孩子，跟随父母买菜时也要注意肉类的卫生情况。

当疫情出现时，我们应尽量避免与禽类接触。病毒会挑身体抵抗力相对弱一些的人下手，在以往的流感高发期，总是老人和孩子最先遭殃，所以我们更应该认真对待。一般禽流感暴发时，学校会对其症状和成因进行公示说明，也会比平时采用更多的预防措施。比如班里的紫外线消毒灯会开启，而消毒时不允许学生进入教室。这种时候同学们不要有抵触情绪，尽量配合学校的工作，这也是对我们自己的健康安全负责。

对于家中养了宠物的同学，应特别注意做好宠物感染的预防。宠物尽量不要放到野外，避免接触染病禽鸟，减少感染机会。此外，流浪猫、狗感染禽流感的概率要大于家养宠物，我们与流浪猫、狗的接触也要谨慎。

小贴士

经空气传播是呼吸系统传染病的主要传播方式，包括飞沫传播、飞沫核传播和尘埃传播三种传播途径。

当然，这些都是未雨绸缪的措施，可天有不测风云，人有旦夕祸福，万一我们不小心得了禽流感，又该如何去应对呢？

如果在流感高发期,有一天我们察觉到了身体不适,出现了发热及咳嗽、嗓子难受等症状，应戴上口罩，尽快选择正规诊所或医院就诊。医生问什么我们就要答什么，不要因为害羞不敢说实话，并一定要告诉医生发病前有无外游或与禽类的接触史。这些信息都是为了使医生更好地了解我们得病的状况，这样他们才可以最快最有效地治好我们。

⑦ 非洲杀手——埃博拉病毒病

丁小香：

　　杀手是指为了利益而害人性命的人。在病毒中也隐藏着一位毫不留情的"杀手"，它就是埃博拉病毒病，也被称作"埃博拉出血热"。它是由埃博拉病毒导致的一种严重且往往致命的疾病，死亡率高达90%。

　　"埃博拉"的名字来自它首次被发现的地名——1976年在苏丹南部和刚果（金）的埃博拉河地区，人们首次发现了埃博拉病毒病的存在。由于其奇高的死亡率，埃博拉病毒病迅速引起医学人士的广泛关注和重视。

　　埃博拉病毒是一种烈性传染病病毒，它不仅能够引起人类产生埃博拉出血热，其他灵长类动物也会被传染。埃博拉出血热是当今世界上最致命的病毒性出血热。感染之后，患者会出现发烧、恶心、呕吐、腹泻、全身酸痛、肤色改变、体内出血、体外出血等症状，死亡率极高。导致患病者死亡的原因主要为中风、低血容量休克、心肌梗塞或多发性器官衰竭等。

　　埃博拉病毒的可怕之处，从世界卫生组织对它的划分即可看出。世界卫生组织将其列为对人类危害最严重的病毒之一，即"第四级病毒"。它的生物安全等级为 4 级。说起生物安全等级，同学们可能还没有概念，但要知道级数越大防护越严格。令人谈而色变的艾滋病和非典才被列为 3 级，可见埃博拉病毒的可怕之处。它是当之无愧的"超级杀手"。

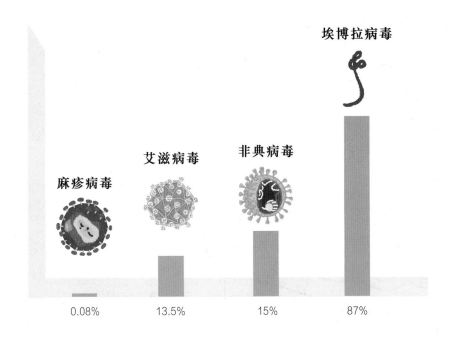

麻疹病毒	艾滋病毒	非典病毒	埃博拉病毒
0.08%	13.5%	15%	87%

　　埃博拉病毒病首次出现在 1976 年同时暴发的两起疫情中，一起在现在的南苏丹恩扎拉，另一起在刚果民主共和国扬布库位于埃博拉河附近的一处村庄。自埃博拉病毒病首次现身，在之后的 40 多年里，刚果茂密的

热带森林仿佛成了埃博拉病毒的天然滋生仓库。非洲共发生了十几起大大小小的埃博拉疫情。

　　自被发现以来，埃博拉病毒神出鬼没，每一次出现都导致巨大的恐慌和人员死亡，然后，病毒消失得无影无踪，只待下一次暴发，仿佛一条潜伏在暗处的眼镜蛇，等待时机成熟便出来咬你一口，随后便摇摇尾巴没入草丛。

　　2014—2016 年，西非出现的疫情暴发被视为埃博拉病毒病首次发现以来最大且最复杂的埃博拉出血热疫情。这场疫情首先在几内亚暴发，随后通过陆路边界蔓延到塞拉利昂和利比里亚。发生在刚果民主共和国东部的 2018—2019 年疫情也十分复杂，被称为"第二次最致命的埃博拉出血热疫情"，给公共卫生安全带来了不利影响。

小贴士

埃博拉病毒是由动物传到人的。

　　埃博拉病毒的起源尚不明晰。但从现有证据来看，大蝙蝠科果蝠很可能是埃博拉病毒的自然宿主。可以肯定的是埃博拉病毒是通过密切接触到感染动物的血液、分泌物、器官或其他体液而传到人的，比如在热带雨林中发现的患病或者死亡的黑猩猩、大猩猩、果蝠、猴子等动物。埃博拉病毒传到人以后，会通过人际间的水平传播加以蔓延。病毒可通过患者体液、皮肤、黏膜等传染。病毒潜伏期可达 2 至 21 天，但通常只有 5 至 10 天。

接触传播为埃博拉病毒最主要的传播途径，如接触埃博拉患者、死者的血液、体液，或被死者尸体污染的物品。哀悼者在安葬仪式上与死者尸体直接接触，也可能有助于埃博拉病毒的传播，因此为了避免传播，防疫人员会选择将埃博拉病人的尸体火化。卫生保健工作者在治疗埃博拉病毒病疑似或者确诊病人时，如果没有严格遵守防控措施也有可能会被感染。

总之，只要病人的血液、体液等带有病毒就仍然具有传染性。

小贴士

预防致命性埃博拉病毒的疫苗已研制成功。

2006年2月，美国国家卫生研究院负责人加里·纳贝尔称，预防致命性埃博拉病毒的疫苗已经通过了最初的人类安全检测，预示着这种疫苗能使人类免受此病的感染，这无疑是一种令人充满希望的迹象。

2014 年 8 月 9 日，我国宣布已掌握埃博拉病毒抗体基因，同时已经具备对埃博拉病毒进行及时检测的诊断试剂研发能力，这让世界人民十分惊喜。同时，世界卫生组织也不断呼吁各国重视我国在应对疫情方面的丰富经验。

2016 年 12 月 23 日，世界卫生组织宣布，由加拿大公共卫生局研发的疫苗可实现高效防护埃博拉病毒。埃博拉病毒的防护疫苗终于在大家的翘首期盼中出世。

小贴士

埃博拉病毒感染者只有在出现症状后才可传染。

很多病毒在潜伏期即可传染，但埃博拉病毒只有人们出现症状后才具有传染性。埃博拉病毒进入体内，第一个目标就是攻击我们的免疫系统。它能将免疫细胞变成自己的傀儡，甚至利用它生产病毒，运送到身体各个部位。一旦被埃博拉病毒侵入，免疫系统基本就崩溃了，这也是它高死亡率的原因之一。紧接着，人体的血管堵塞、凝血功能丧失，此时内脏和血管已经被埃博拉病毒破坏殆尽……

有许多患者在感染埃博拉病毒 48 小时后便不治身亡，而且他们都"死得很难看"：病毒会借助免疫系统在体内迅速扩散、大量繁殖，同时袭击多个器官，使器官变形、坏死，并逐渐被分解。用一位医生的话来形容，感染上"埃博拉"的人会在你面前"融化"掉。而表现出来就是病人发生内出血，继而七窍流血不止，并不断将体内器官的坏死组织从口中呕出，最后因广泛内出血、脑部受损等原因而死亡，死得极其痛苦。照顾病人的医生、护士或家庭成员，和病人密切接触后可能被感染。有时感染率可以很高，如埃博拉病毒在苏丹流行时，与病人同室接触和睡觉者的感染率为23%，护理病人者的感染率为81%。

尽管医学家们绞尽脑汁，做过许多探索与调查，但埃博拉病毒的真实来源，至今仍为不解之谜，它就像一个恶贯满盈但不知来处的逃犯。没有人知道埃博拉病毒在每次大暴发后会潜伏在哪里，也没有人知道每一次埃博拉疫情大规模暴发时，第一个受害者是从哪里感染到这种病毒的。

埃博拉病毒是人类有史以来所知的最可怕的病毒之一。虽然目前我们已经有了预防疫苗这一有力的武器，但病人一旦感染这种病毒，基本没有药物可以治疗，也没有有效的治疗办法，实际上几乎等于被判了死刑。唯一能够阻止病毒蔓延的方法就是把已经感染的病人完全隔离开来，把患病致死的尸体焚烧处理。

小贴士

埃博拉病毒可被高温杀死，在卫生条件差的区域更容易传播。

埃博拉病毒有一定的耐热性，在60摄氏度的条件下60分钟才能被杀死。因此对病人使用过的注射器、针头、各种穿刺针、插管等，均应彻底消毒，最可靠的是使用高压蒸汽消毒。埃博拉病毒还可能经过空气传播，因为猴子间的空气传染在实验室中已被证实，但人与人之间能否透过空气传播病毒目前并未被证实。

在疾病的早期阶段，埃博拉病毒可能不具有高度的传染性，在早期接触病人甚至可能不会受感染。但随着疾病的进展，病人因腹泻、呕吐和出血所排出的体液将具有高度的生物危险性。换句话说，埃博拉病毒的"毒性"是随着病情发展愈演愈烈的。

埃博拉疫情的大规模暴发往往出现在那些没有现代化医院和缺乏训练有素的医务人员的贫困地区，这也是埃博拉病毒在缺医少药的非洲频频出现的原因。在现代化的医院中，拥有较好的设备及卫生条件下，埃博拉病毒几乎不可能暴发大规模流行。

小贴士

防治埃博拉病毒以控制传染源与辅助性治疗为主。

控制埃博拉病毒的扩散，首先要密切注意世界埃博拉病毒疫情动态，加强国境检疫，从海关把埃博拉病毒"关住"。对有出血症状的可疑病人，应立即隔离观察。一旦确诊应及时报告卫生部门，立即对病人进行最严格的隔离，即使用带有空气滤过装置的隔离设备。医护人员、实验人员穿好防护服，必要时需穿太空服进行检验操作，以防意外。对与病人密切接触者，也应进行密切隔离观察。

需要防范的不只是病毒本身，还有某些恐怖组织想要利用埃博拉病毒进行恐怖袭击。由于埃博拉病毒致死率极高，因此被美国疾病控制与预防中心归类为最高等级的生物恐怖袭击武器。同时也有一些恐怖组织蠢蠢欲动，试图利用该病毒制造出一种传播范围大、杀伤力强的病毒，作为恐怖袭击武器。

小贴士

你不会因为与他人交谈、在街上行走或在市场上买东西而感染埃博拉。

　　我们应该牢记，时时刻刻注意保护自己，但也不必过分恐慌。因为正常情况下，我们居住的城市都很安全，暴发埃博拉疫情的概率很低。如果你认为自己可能已经接触了埃博拉病毒，请尽量减少与其他人的密切接触，并尽快到医院寻求专业帮助。

⑧令人闻之色变的对手——病毒性肝炎

丁小香：

病毒性肝炎是由多种肝炎病毒引起的以肝脏病变为主的一种传染病，具有传染性强、传播途径复杂、流行面广泛、发病率较高等特点。它被列入我国法定传染病中的乙类传染病。

肝炎病毒会在人体的肝脏内进行繁殖复制，使人们的肝脏细胞发生炎症和坏死。如果不进行及时治疗，时间一久就会导致肝硬化，甚至发展为肝癌，致人死亡。

小贴士

病毒性肝炎分为甲、乙、丙、丁、戊型，
在我国各类传染病中发病率最高。

　　病毒性肝炎一般情况下可以分为甲肝、乙肝、丙肝、丁肝和戊肝 5 种
类型。它们的症状都比较相似，比如病人会有乏力、食欲减退、恶心呕吐、
肝肿大及肝功能损害的表现，有些人的皮肤和眼睛还可能发黄（黄疸）。
甲肝、乙肝和丙肝在我们的日常生活中会比较多见。

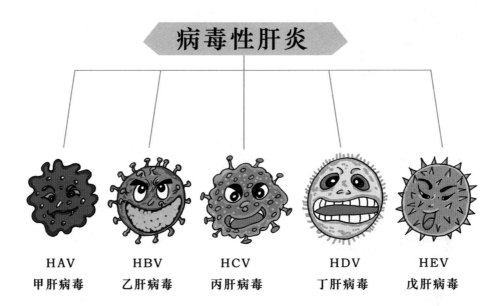

病毒性肝炎				
HAV	HBV	HCV	HDV	HEV
甲肝病毒	乙肝病毒	丙肝病毒	丁肝病毒	戊肝病毒

1988 年 1 月，上海市出现了较大规模的流行性甲型肝炎，主要原因是人们食用了被甲肝病毒污染的毛蚶。

甲型病毒性肝炎又被称为甲肝，甲肝病毒感染人体后，绝大多数表现为急性肝炎，很少发展为慢性疾病。甲肝具有一定的季节性，一般多发生在冬春交替的季节。这种肝炎的传染源主要是病人。病毒通常由病人的粪便排出体外，通过被污染的手、水、食物、食具等进行传染，严重时会引起甲型肝炎流行。被甲肝病毒感染的食物即使经由快炒、醉腌等烹调方法，也无法完全把病毒杀死。这些特点都使甲肝病毒有机可乘，从而危害我们的健康。如今甲肝并不容易出现大规模流行，是因为一方面它的病程短，恢复起来比较顺利；另一方面随着灭活疫苗在全世界的使用，甲肝的流行已经得到了很有效的控制。

乙型病毒性肝炎又被称为乙肝，是全球重大公共卫生问题之一。乙肝病毒具有比较强的传染性，虽然它不会通过受污染的水和食物传播，但会通过母婴传播，也可以通过血液或者是性接触的方式进行传播。而且，乙肝病毒在我们的体外可存活至少 7 天，在此期间如果病毒进入未接种疫苗的身体依然可造成感染！这大大加大了它的威胁性！

乙肝分急性乙肝和慢性乙肝。

急性乙肝：早期的症状表现为恶心、乏力、食欲下降和厌油腻等。在发病几天以后，通常是在一周以后，可能会有小便颜色加深的情况，此时需要住院治疗。

慢性乙肝：没有明显的症状，通常是在体检的时候才会发现。会有一些非特异性的症状，例如胃部不适、疲劳、易困、容易发脾气等。但是这些都没有特异性，有时候得了其他疾病往往也会发生类似的现象。所以慢性乙肝很难靠症状来识别，只有定期体检，才能发现慢性乙肝的存在。

小贴士

为了纪念乙肝病毒的发现者巴鲁克·布隆伯，世界卫生组织决定从 2011 年起将他的诞辰日 7 月 28 日定为每年的"世界肝炎日"。

丙型病毒性肝炎又被称为丙肝，一般是由丙型肝炎病毒引起的，受影响最严重的为非洲、中亚和东亚等地区。丙肝在日常生活中也具有一定的传染性，其传播途径与乙肝的传播途径相同，也是有 3 种传播方式，即血液传播、母婴传播、性传播。最常见的感染方式为不安全的注射、某些医疗器械消毒不够彻底、输入没有经过筛查的血液和血液制品等。在全球大约 3670 万艾滋病病毒感染者中约有 230 万人有过去或现在感染丙肝病毒的血清学证据。由此可见，肝病是艾滋病病毒携带者发病和死亡的主要原因之一。

丙肝的潜伏期很长，大约有 2~26 周，平均有 50 天，因此人们很难感觉到有什么不适，大部分人甚至都不知道自己患有此病。在不接受任何治疗的情况下，只有少数的感染者在感染后 6 个月内可自行清除病毒。如果患者的运气不好，那么将发展为慢性丙肝。在慢性丙肝患者中，又有 15%

至 30% 的患者在 20 年内会进展为肝硬化。一旦确诊丙肝，只要进行及时治疗，规范用药，大部分是可以治愈的。

小贴士

乙肝和丙肝的发病过程和其他几种类型相比更加复杂，容易发展为肝硬化和肝癌。

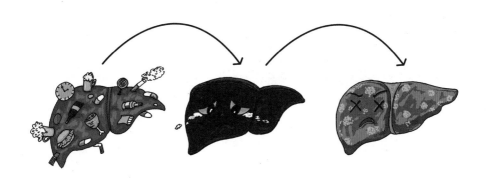

丁肝比较少见，因为它的病毒无法实现自身复制，所以要在感染乙肝的基础上或与乙肝病毒同时感染时才会感染丁肝。戊肝则与甲肝类似，都属于急性传染的肝炎，通过摄入污染的食物和水或直接通过接触感染者而引起，与食物污染和水污染密切相关。

对于不同类型的肝炎，我们可以采取不同的预防措施。对于甲肝来说，我们可以接种甲肝疫苗。另外，我们要保持良好的生活卫生习惯：饮水必须煮沸；饭前便后要勤洗手；食物须清洗干净并彻底煮熟，尤其是海鲜类；不要购买来路不明或路边摊点的食物。

如何预防乙肝呢？我们一起来看一下。

（1）接种乙肝疫苗是预防乙肝的根本措施。疫苗接种对象重点是新生儿，其次为婴幼儿。全程需要接种3针。新生儿接种乙肝疫苗要求在出生后24小时内接种，越早越好。

（2）避免使用消毒不彻底的工具纹身、纹眉、穿耳洞、针灸、修脚等。

（3）避免和他人共用容易被血液污染的卫生用品，如牙刷、剃须刀等。

（4）拒绝毒品，不共用针具静脉注射药物。

（5）避免不必要的输血和使用血液制品。

小贴士

丙肝和丁肝的预防措施与乙肝类似，戊肝的预防措施与甲肝类似。

9 让人"恐水"的 狂犬病

丁小香：

机灵的小狗、可爱的小猫总是让我们爱不释手，但我们在与动物相处时，还有一种病毒伺机而动，这就是狂犬病病毒。狂犬病是一种能够感染家畜和野生动物的病毒性疾病。它的一大特点是人畜共患，被感染的动物能够通过咬、抓伤、舔破损皮肤和黏膜等方式将狂犬病病毒传染给其他动物和人。更为可怕的是，一旦出现疾病发展症状，狂犬病对动物和人类都是致命的，死亡率接近 100%。

小贴士

人类狂犬病死亡病例绝大多数由犬类引起。

在已知的人类感染病例中，绝大部分狂犬病病毒是由犬类传播的。狂犬病的传播范围极其广泛，除南极洲以外，其他各洲都存在狂犬病的身影。可以说只要有人群居的地方，就有狂犬病的出现。非洲和亚洲是人类狂犬病病例最多的两个洲，其狂犬病死亡人数占全球狂犬病死亡总人数的95%。

虽然狂犬病的命名似乎只与犬类有关，但犬类并不是引起狂犬病的唯一原因，例如美洲已经在很大程度上遏制住了犬类的传播，而蝙蝠却代替了犬类成为造成美洲人类狂犬病死亡病例的主要原因。蝙蝠引起的狂犬病最近还对澳大利亚和西欧的公共卫生产生了威胁。

因为狂犬病也可通过唾液直接接触人体黏膜或皮肤破损处传染，所以因咬伤而出现人传人的情况有理论上的可能性，但目前尚未得到证实。同样人类因食用动物生肉而感染狂犬病的说法也从未得到证实。

小贴士

与疑患狂犬病动物的接触类型不同，预防的措施也有所不同。

狂犬病的致死率极高，但我们也不要产生过度预防的心理，我们可以根据与疑患狂犬病动物的接触类型不同，来判断如何预防。

与疑患狂犬病动物的接触类型有三种，分别是：

Ⅰ类：触摸或饲喂动物，动物舔触处的皮肤完整。这种情况下无需预防。

Ⅱ类：轻咬裸露皮肤，或无出血的轻微抓伤或擦伤。这种情况下需要立即接种疫苗并对伤口进行局部处理。

Ⅲ类：一处或多处穿透性皮肤咬伤或抓伤，动物舔触处的皮肤有破损；动物舔触处的黏膜被唾液污染；与蝙蝠有接触。这些情况下需要立即接种疫苗，注射狂犬病免疫球蛋白，并对伤口进行局部处理。

所有Ⅱ类和Ⅲ类接触在经过评估认为具有感染狂犬病的危险时，就需要采取接触后预防措施。还有一些情况会导致危险上升，比如：咬人哺乳动物为已知的狂犬病贮主或媒介种属；接触发生在仍有狂犬病的地区；

动物看起来有病或表现反常；伤口或黏膜受到动物唾液的污染；动物发生无端咬人情况；动物没有接种疫苗；等等。

但如果你不小心被猫狗挠伤或咬伤，也不用过于担心。大城市内的家养猫狗，饲养在家、身世清楚的猫狗，不曾接触疑似狂犬病或没有被来历不明的动物咬伤过的猫狗，接种过疫苗的猫狗，基本上是没有传播风险的。

小贴士

猫狗感染狂犬病后的症状一般有三个阶段：前驱期、狂躁期和麻痹期。

猫狗感染狂犬病后有三个阶段，我们平时需要及时注意到猫狗的变化。

在前驱期，猫狗有以下症状：行为改变、停止吃喝、喜欢独处、尿频、不安、体温稍高、畏光等，但症状不很明显。

在狂躁期，猫狗有以下症状：狂躁，无目的乱叫乱咬，后来会出现全身痉挛与走路不稳的现象。但有些动物会直接进入麻痹期，而不会发狂乱咬。

在麻痹期，猫狗的症状则更加明显：有嘴巴张开、一直流口水、害怕喝水的症状，最后会全身麻痹，昏迷死亡。

一旦我们发现猫狗有了这些症状，需要马上将其送达兽医院检查，并做好防范措施，避免被它们抓伤或咬伤。

小贴士

狂犬病毒最先由破损处进入
体内，最终抵达大脑。

　　狂犬病毒先是在皮肤局部由破损处进入人体，然后在附近的肌细胞内
增殖，再侵入局部的运动和感觉神经细胞内。

　　病毒成功进入神经细胞内之后，会沿着神经末梢逐渐向上到达脊髓。
如果是面部的话，病毒甚至可以直接到达脑干。所以，头面部的咬伤发病
更迅速，要引起特别注意；儿童发病也迅速，因为儿童的身体更小，病毒
能更快到达大脑，因此小朋友们要注意保护好自己。

狂犬病的发病机制至今还不明确。狂犬病病毒进入大脑之后，会在大脑里面大量繁殖，此时的大脑就像一个"病毒培养皿"，大量繁殖的病毒会沿着周围神经向全身广泛播散。因此像唾液腺等神经支配丰富的器官，就会有大量病毒存在，而狂犬病正是通过唾液传播的。

小贴士

狂犬病的潜伏期不定，但不会潜伏多年。

狂犬病的潜伏期长短不一，短则不到一周，长则一年，多数在 3 个月以内，因此对于狂犬病病毒多年潜伏的谣传是不可信的。

儿童的潜伏期较短，如果伤口在面部或头部或者伤口较深也会使潜伏期缩短。其他如清创不彻底、外伤、受寒、过度劳累等，均可能使疾病提前发生。

和猫狗的临床表现相同，人的典型临床表现过程也可分为三期：前驱期、兴奋期和麻痹期。

前驱期，又被称为侵袭期：在兴奋状态出现之前，大多数患者有低热、食欲不振、恶心、头痛、倦怠、周身不适等表现，酷似"感冒"；继而出现恐惧不安，对声、光、风、痛等较敏感，并有喉咙紧缩感。较有诊断意义的早期症状是伤口及其附近感觉异常，有麻、痒、痛及蚁走感等，这是病毒繁殖时刺激神经元所致。前驱期可持续 2—4 日。

兴奋期：患者逐渐进入高度兴奋状态，突出表现为极度恐怖、恐水、怕风、发作性咽肌痉挛、呼吸困难、排尿排便困难及多汗、流涎等。兴奋期一般持续 1—3 日。恐水是狂犬病的特殊症状，典型者见水、饮水、听流水声甚至仅提及饮水时，均可引起严重咽喉肌痉挛。怕风也是常见症状之一，微风或其他刺激如光、声、触动等，均可引起咽肌痉挛，严重时可引起全身疼痛性抽搐。

小贴士

因为患者往往表现得非常害怕水，所以狂犬病又被称为"恐水症"。

麻痹期：痉挛停止，患者逐渐安静，但出现迟缓性瘫痪，尤以肢体软瘫为多见。眼肌、颜面肌肉及咀嚼肌也可受累，表现为斜视、眼球运动失调、下颌下坠、口不能闭、面部缺少表情等。麻痹期一般持续6—18小时。

狂犬病的整个病程一般不超过6日，很少见到超过10日的病症。此外，还有以瘫痪为主要表现的"麻痹型"或"静型"狂犬病，也称哑狂犬病，该型患者无兴奋期及恐水现象，而以高热、头痛、呕吐、咬伤处疼痛开始，继而出现肢体软弱、腹胀、共济失调、肌肉瘫痪、大小便失禁等。该类型患者病程长达10日，最终会因呼吸肌麻痹与延髓性麻痹而死亡。

小贴士

狂犬病致死率接近100%，但可以通过接种疫苗预防。

因为狂犬病的致死率接近 100%，所以我们以预防为主。预防一般分为管理传染源、暴露前预防与暴露后预防三部分。

管理传染源，主要是对猫狗进行控制。首先对家庭饲养动物进行免疫接种，这不仅能够保护宠物的健康，也能够将狂犬病毒扼杀在摇篮里。其次是管理流浪动物，对可疑因狂犬病死亡的动物，应取其脑组织进行检查，并将其焚毁或深埋，切不可有其他接触。最后需要注意的是不可随意逗弄、捕捉、饲养、食用野生动物，这是为了保护动物，更是为了保护我们自己。

暴露前预防，是对未咬伤的健康者预防接种狂犬病疫苗，可按 0、7、28 天注射 3 针，一年后加强一次，然后每隔 1—3 年再加强一次。

暴露后预防又可以分为两部分：

（1）正确处理伤口。被动物咬伤或抓伤后，先用 3%~5% 的肥皂水或 0.1% 的新洁尔灭消毒液清洗消毒，再用清水充分洗涤；对较深的伤口，用注射器伸入伤口深部进行灌注清洗，做到全面彻底，力求去除狗的唾液，挤出污血，然后再用 75% 的乙醇消毒，继而用浓碘酊涂擦。局部伤口处理愈早愈好，如果伤口已结痂，也应将结痂去掉后按上法处理。被抓伤或咬伤的伤口不宜包扎、缝口，开放性伤口应尽可能暴露。这个过程十分复杂，因此若被猫狗抓伤或咬伤，在简单处理后，第一时间前去医院接受医生处理是最佳办法。小朋友们被猫狗抓伤或咬伤后，也要及时告诉爸爸妈妈或老师，尽快处理伤口。

（2）接种狂犬病疫苗。预防接种对防止发病有肯定价值，人一旦被咬伤，疫苗注射至关重要，严重者还需注射狂犬病血清。暴露后需要免疫接种，一般被咬伤者 0 天（第 1 天，当天）、3 天（第 4 天，以下类推）、7 天、14 天、28 天各注射狂犬病疫苗 1 针，共 5 针。成人和儿童剂量相同。严重咬伤者除按上述方法注射狂犬病疫苗外，应于 0 天、3 天注射加倍量。但当创伤深广、严重或发生在头、面、颈、手等处，同时咬人动物确有患狂犬病的可能性时，则应立即注射狂犬病血清（血清含有高效价抗狂犬病免疫球蛋白，可直接中和狂犬病病毒），应及早应用，伤后即用，伤后一周再用几乎无效！

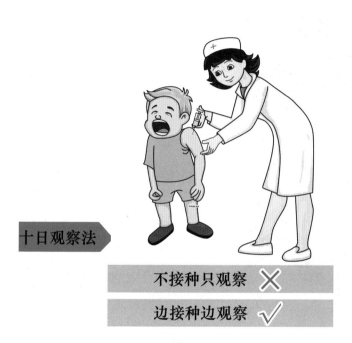

十日观察法

不接种只观察 ✕

边接种边观察 ✓

狂犬病"十日观察法"指的是，当我们被猫狗等动物抓伤或者咬伤以后，应该隔离观察伤人的动物，同时注射疫苗。如果 10 天后该动物没有因狂犬病发作死亡，依然健康，则说明该动物没有携带狂犬病病毒，更不会造成狂犬病的传染。这时候，可以终止注射剩余的疫苗。

同学们应该记住：如果给我们造成创伤的是非常可疑的疯动物，无论是狗、猫或是蝙蝠，都应该尽快告诉自己的爸爸妈妈，尽快就医！

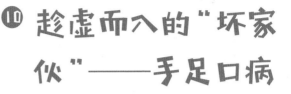

⑩ 趁虚而入的"坏家伙"——手足口病

丁小香：

"手足口病"是由肠道病毒感染引起的一种儿童常见传染病，属于我国法定传染病中的丙类传染病。如果孩子们不小心得病，手、足、口等部位就会出现几个至数十个不等的皮疹或疱疹，"手足口病"的名字便是由此而来。

导致手足口病的肠道病毒有 20 多种。在我们国家，柯萨奇病毒 A16 型和肠道病毒 71 型是引起手足口病的两个最主要的病原体。这些病毒能够在患者的口咽、鼻咽、皮肤起的疱疹中复制。所以，呼吸道的分泌物（比如鼻涕）、口水、粪便、皮肤的疱疹液都能引起感染。而这些含有病毒的物质接触过的地面、墙壁、玩具也有可能有病毒附着，具有传染性！

手足口病是家长们最关心和恐惧的疾病之一。因为它主要发生于 5 岁以下的儿童，甚至 1 月月龄的孩子都有可能患病。

手足口病的潜伏期相对较短，只需 2—5 天的时间，孩子们的手、足、口等处就会出现疱疹，并且常常伴有发热症状。这些疱疹早期为红色斑疹，典型的皮肤损害为灰白色沿皮肤纹理分布的椭圆形小水疱，周围有红晕。

不典型的皮肤损害为丘疱疹，有时还会出现较大的水疱。值得我们注意的是，口腔内的疱疹会导致溃疡，儿童会因此流口水并且因为疼痛不愿吃饭喝水，容易引起脱水和营养不良等现象。这个时候家长们应该加强儿童的口腔护理，可以让他们用淡盐水漱口，吃一些刺激性较小的食物。

小贴士

手足口病引发的疱疹，并不仅限于"手""足""口"三个部位。

手足口病根据病情的严重程度可分为轻型和重型两种。轻型病例大多数只是有皮肤症状，他们经过隔离便可以自行恢复。但重型病例通常会合并病毒性脑炎，有时伴有抽搐、呼吸衰竭等，若不及时治疗就会有生命危险！不过根据数据显示，重症手足口病的病例不到2%，大家不用过于惊慌。

如果你认为手足口病的发病部位只有双手、双脚以及口腔，那你就大错特错了。因为身体内的肠道病毒会随着血液循环到达全身各处，所以患者的腋下、四肢、臀部，甚至是全身都有出现皮疹的可能性。

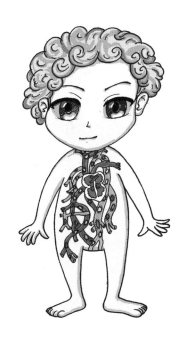

身体上长出来的皮疹看起来很可怕，但是它们有4个特点：不痛、不痒、不结痂、不结疤。所以这些皮疹对儿童没有特别大的影响，不用进行特殊处理。家长只需给自己的孩子勤剪指甲，避免孩子抓破皮疹就足够了。

小贴士

成人也会感染手足口病。

虽然手足口病是一种儿童常见传染病，但它并不是小朋友所特有的。任何年龄段的人都有可能受到病毒的入侵！成人发病率相对儿童来说明显会低得多，他们大多接触过相关病毒，已产生相应抗体，抵抗力强，一般没有什么症状，经常会被当成一场小感冒。虽然没有症状，但成人也可能会成为传染源，把病毒传染给孩子。

小贴士

患过手足口病的人还会再次患病。

有些家长会认为自己的孩子患过手足口病后，产生了抗体，就不会再次得病了。这种观点其实是不正确的。我们刚才讲过，人体内肠道病毒的种类很多，以前如果患过由柯萨奇病毒引起的手足口病产生了抗体，下次不小心被另一种病毒感染，还是会患病。

1957 年，新西兰首次报道手足口病。澳大利亚、美国、瑞典也是最早出现手足口病的国家之一。直到 1981 年，我国才首次在上海出现手足口病，继而北京、山东、广东等地均有报道。

我们国家出现过数次手足口病的暴发流行。2008 年开始，就发生了多次手足口病流行，重症和死亡病例明显有上升的趋势。至今仍然每隔一年或两年就会出现大流行。由于手足口病引起的死亡情况长期位居我国丙类传染病首位，目前它已经成为我国乃至全球重要的公共卫生问题之一。

如何预防手足口病也是同学们需要了解的知识。我们通常可以采取以下几种措施：

（1）避免接触病人：不接触生病的病人以及他们接触过的玩具、餐具、洗浴用品等。

（2）勤洗手：洗手对预防手足口病非常关键。小孩子因为好奇心强，活泼爱动，喜欢到处乱摸，这样手上就容易沾染肠道病毒。肠道病毒对酒精不敏感，所以不要使用含酒精的洗手液，可以选择使用肥皂或者含氯的洗手液洗手。

（3）注意食品卫生：被粪便污染的蔬菜、水果、肉类上会含有肠道病毒。因此水果一定要清洗干净，最好去皮后再吃；也尽量不要吃生的蔬菜和没有完全做熟的肉食。

（4）生病后及时隔离：手足口病能够通过接触、飞沫、消化道传播，传染性很强，所以对生病的孩子要迅速隔离，等他们完全恢复正常后1周再出门。

（5）大人回家后先洗脸、洗手再接触孩子：大人也会感染肠道病毒，虽然大多数是无症状感染，但也有传染性。所以大人外出回家后，一定要先洗脸、洗手再接触孩子。

（6）少去人群密集的场所：人群密集的地方，往往病毒的密度也高，所以建议在疾病高发的季节，不要带孩子去拥挤处玩耍。

⑪ 一场全球性大流行病——新型冠状病毒肺炎

丁小香：

　　新型冠状病毒肺炎，简称"新冠肺炎"，这场突如其来的传染病以极快的速度肆虐全球。"新型冠状病毒肺炎"，如此沉重的八个字，是全人类如今要共同面对的"恶魔"。

　　冠状病毒在系统分类上属套式病毒目冠状病毒科冠状病毒属。冠状病毒属的病毒是一类具有囊膜、基因组为线性单股正链的 RNA 病毒，是自然界广泛存在的一大类病毒。

　　冠状病毒最先是 1937 年从鸡身上分离出来的。冠状病毒感染分布在全世界多个地区。中国以及英国、美国、德国、日本、俄罗斯、芬兰、印度等国均已发现本病毒的存在。该病毒引起的感染主要发生在冬季和早春。

小贴士

目前为止发现,冠状病毒仅感染脊椎动物,如人、鼠、猪、猫、犬、狼、鸡、牛、禽类。

2019年底开始流行的新型冠状病毒,是人类已知的第7种可以感染人的冠状病毒。它于2020年1月12日被世界卫生组织命名为"2019-nCoV"。2020年2月21日,国家卫生健康委将新型冠状病毒肺炎的英文名称修订为"COVID-19"。新型冠状病毒肺炎给人类的生活带来了巨大影响。感染病毒的人会出现不同程度的症状,有的只是发烧或轻微咳嗽,有的会发展为肺炎,有的则严重至死。由于新冠病毒的肆虐,包括我国在内的很多国家都选择了封城、停课、停工等隔离措施。

我国抗击新冠疫情过程中的重要事件

2019 年 12 月底

湖北省武汉市疾控中心检测发现不明原因的肺炎病例。国家卫生健康委作出安排部署，派出工作组和专家组赶赴武汉市进行调查。

2020 年 1 月

1 月 1 日，国家卫生健康委成立疫情应对处置领导小组。1 月 2 日，中国疾控中心和中国医学科学院对从湖北送来的第一批 4 例病例标本开展病原鉴定。1 月 3 日，中方定期与世界卫生组织、有关国家和地区组织及时、主动通报疫情信息。

1 月 7 日，中国疾控中心成功分离出了首株新冠病毒毒株。1 月 9 日，国家卫生健康委专家评估组对外发布武汉不明原因病毒肺炎病原信息，病原体初步判断为新型冠状病毒。

1 月 10 日，中国科学院武汉病毒研究所等专业机构初步研发出检测试剂盒，武汉市立即组织对在院收治的所有相关病例进行排查。

1 月 18 日，以钟南山为组长的国家医疗与防控高级别专家组赶至武汉实地考察疫情防控工作。

1 月 20 日，国家卫生健康委发布公告，将新冠肺炎纳入《中华人民共和国传染病防治法》规定的乙类传染病，并采取甲类传染病的预防、控制措施；将新冠肺炎纳入《中华人民共和国国境卫生检疫法》规定的检疫传染病管理。1 月 21 日，国家卫生健康委开始每日在官网、政务新媒体平台发布前一天的疫情情况。

1月23日，武汉疫情防控指挥部发布1号通告，10时起机场、火车站离汉通道暂时关闭；交通运输部紧急通知，全国暂停进入武汉道路水路客运班线发班。

1月25日，也就是农历正月初一，党中央向湖北等疫情严重地区派出指导组，推动有关地方全面加强防控一线工作。

1月27日起，每日组织召开国务院联防联控机制新闻发布会，通报前一日疫情相关数据。

1月28日，国务院联防联控机制召开新闻发布会，介绍派出医疗队支援湖北抗击新冠肺炎疫情有关情况。

2020年2月

2月3日，国内口罩企业产能恢复率在60%左右。

2月4日，武汉火神山医院正式接诊。2月5日，由武汉会展中心、洪山体育馆、武汉客厅改造而成的三家方舱医院投入使用。2月8日，能够提供1600张床位的武汉雷神山医院交付使用。

2月13日，广州呼吸健康研究院、美国哈佛大学医学院等联合成立"新型冠状病毒肺炎"科研攻坚小组。联席组长由钟南山院士、哈佛大学医学院院长担任，围绕快速检测诊断、临床救治、药物筛选和疫苗研发四大重点方向开展科研合作。

2月14日，湖北以外其他省份新增确诊病例数实现"十连降"。

2月17日，内地单日新增确诊病例首次降至2000例以内，湖北省外单日新增确诊病例首次降至 100 例以内，内地单日新增死亡病例首次降至 100 例以内，实现了"3 个首次"。

2 月 20 日，武汉市新增治愈出院病例首次大于新增确诊病例，内地单日新增治愈出院病例首次超过 2000 例。

2 月 27 日，除湖北外其他省份，和湖北除武汉外的其他地市，新冠肺炎新增确诊病例数首次双双降至个位。

2 月 29 日，全国口罩日产量达到 1.16 亿只，是 2 月 1 日的 12 倍。同日，中国红十字会志愿医疗专家组抵达伊朗。

2020 年 3 月

3 月 1 日，武汉迎来首家方舱医院休舱。

3 月 4 日，截至当天 24 时，累计报告境外输入确诊病例 20 例。当日起，发布会每日通报前一日新增报告和累计报告境外输入确诊病例。

3 月 7 日，中国红十字会总会派遣的中方医疗专家组和中方援助的防疫物资抵达伊拉克。同日，中国宣布向世界卫生组织捐款 2000 万美元，以支持世界卫生组织开展抗击新冠肺炎疫情的国际合作。

3 月 12 日，首批中国抗疫医疗专家组抵达意大利，并带来部分中方援助的医疗物资。

3 月 15 日，湖北除武汉以外地市已连续 10 日无新增本土确诊病例报告，湖北以外省份新增本土确诊病例数自 2 月 27 日以来均在个位数，已连续 3 日为零报告。

3月17日，内地首次无新增本土疑似病例。湖北除武汉以外地区已连续13日无新增本土确诊病例。

3月22日，国务院联防联控机制新闻发布会通报，全球疫情已蔓延到180多个国家和地区，要严防境外疫情输入，按规定落实检疫、转运、治疗、隔离等措施，确保闭环运作。

2020年4月

4月8日，武汉离汉通道管控正式解除。我国的新冠肺炎之战取得了阶段性成果！

截至2020年3月31日，中国政府已向120个国家和4个国际组织提供了包括普通医用口罩、N95口罩、防护服、核酸检测试剂、呼吸机等在内的物资援助，中国地方政府已通过国际友好城市等渠道向50多个国家捐赠医疗物资，中国企业向100多个国家和国际组织捐赠了医疗物资。

小贴士

新冠肺炎是全球性传染病，世界大多数国家和地区都已经出现了确诊病例。

尽管新冠病毒来势凶猛，我们也并不是没有对策。严格遵守公共秩序，保护自己，就会减少罹患新冠肺炎的风险。

经呼吸道飞沫和密切接触传播是新冠肺炎主要的传播途径。在相对封闭的环境中长时间暴露于高浓度气溶胶情况下存在经气溶胶传播的可能。由于在粪便及尿中可分离到新型冠状病毒，应注意粪便及尿对环境污染造成气溶胶或接触传播。

（1）飞沫传播：病人打喷嚏、咳嗽、说话的飞沫，甚至呼出的气体被近距离接触直接吸入，可以导致感染。

（2）密切接触传播：飞沫沉积在物品表面，通过接触污染手后，再接触口腔、鼻腔、眼睛等黏膜，导致感染。

小贴士

日常生活中，采取正确的预防措施，可有效抵御新冠病毒。

了解了新冠肺炎的传播途径，我们来看一下日常生活中预防新冠肺炎的防护措施有哪些。

（1）增强卫生健康意识，适量运动、保障睡眠、不熬夜，提高自身免疫力。

（2）保持良好的个人卫生习惯，咳嗽或打喷嚏时用纸巾掩住口鼻，经常彻底洗手，不用脏手触摸眼、鼻或口。

（3）居室多通风换气并保持整洁卫生。

（4）尽可能避免与有呼吸道疾病症状（如发热、咳嗽或打喷嚏等）的人密切接触。

（5）特殊时期，尽量避免到人多拥挤和空间密闭的场所，尽量避免参与各种集聚性活动，如必须去，尽可能全程佩戴口罩，人与人相隔1米以上，且返回后立即洗手，妥善处理口罩、外套、手套、鞋子等接触他人或可能携带病毒的衣物，进行适当地废弃、消毒或清洗。

（6）避免接触野生动物和家禽家畜。

（7）坚持安全的饮食习惯，合理搭配，健康饮食。不要食用患病的动物及其制品，处理生肉和熟肉的刀具和切菜板要分开，食用肉类和蛋类要煮熟、煮透。

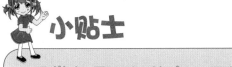

同学间要互相关心、互相提醒，共同做好学校新冠肺炎疫情防控。

开学后，同学们也要保持高度警惕，做好自我防护，尽量做到以下几点：

（1）上、下学：

① 上学前，自测体温，超过 37.3℃，及时向学校报告。

② 选择安全的出行方式，可选择骑行或私家车接送。如需乘坐公共交通，全程戴口罩，尽量少接触交通工具中的公共部位。

（2）课间休息和校内活动：

① 教室内注意开窗通风。

② 避免人员聚集。

（3）饮食卫生：

① 餐前餐后正确洗手，避免就餐说话，避免扎堆就餐，坐下吃饭时再摘口罩。

② 不挑食，均衡饮食，多喝水。

（4）个人卫生：

① 咳嗽或打喷嚏时，使用纸巾或屈肘遮掩口鼻。

② 不随地吐痰，不乱扔垃圾，口鼻分泌物要用纸巾包好投入垃圾箱，保持环境整洁。

③ 做好个人健康监测，身体出现不适，要及时向老师报告。

传染病的预防与治疗

历史上从来没有一个传染病把某一个国家的人打倒，它总是有一个过程或者有一个恢复期。

——中国工程院院士　闻玉梅

❶ 传染病是怎样传播的？

丁小香：

我们知道传染病是能够在人与人之间或人与动物之间相互传播并广泛流行的疾病，那它又是如何传播的呢？

传染病的传播途径可以分为两种，分别是垂直传播和水平传播。

我们先来看一看垂直传播。垂直传播是病原体通过母体传给子代的传播，也被称为母婴传播，简单理解就是妈妈传播给胎儿。垂直传播包括三种传播方式，分别是经胎盘传播、上行性传播和分娩引起的传播。这三种传播分别通过胎盘血液、宫颈口和产道使胎儿受到病原体的感染。

能通过垂直传播的病毒有艾滋病病毒、乙肝病毒、风疹病毒等。

水平传播是指病原体在外环境中借助于传播因素而实现人与人之间的相互传播。水平传播主要包括：经空气传播、经食物传播、经水传播、经接触传播、经节肢动物传播、经土壤传播和医源性传播等。

经空气传播是呼吸道传染病的主要传播方式，病原体能够通过飞沫、飞沫核和尘埃传播，在面对此类传染病时，隔离病人与佩戴医用口罩是预防的两大主要措施。

　　经食物传播则有两种可能，第一种是食物本身含有病原体，例如感染绦虫、患有炭疽的家畜等做成的食物，被食用后会引起感染；第二种是食物在生产、加工、运输、贮存与销售的各个环节下被病原体污染，人们在食用后被感染而发病。

　　经接触传播通常分为直接接触传播与间接接触传播。直接接触传播是指与传染源直接接触而被感染，间接接触传播则是通过接触被传染源污染的日用品等被感染。保持良好的卫生环境，加强对传染源的管理及严格消毒是应对经接触传播类疾病的有效方法。

　　经节肢动物传播也被称为虫媒传播，它以节肢动物作为传播媒介，包括机械性传播和生物性传播两种方式。机械性传播指的是病原体在节肢动物体表或体内均不繁殖，虫媒对病原体只起传递运载作用。而生物性传播是指病原体能够在节肢动物体内进行繁殖，然后再通过节肢动物的唾液、呕吐物或粪便进入易感机体。

　　经水传播、经土壤传播、医源性传播，则分别是通过被病原体污染的水、土壤及生物制品、医疗器械等进行传播。

小贴士

苍蝇可机械性传播伤寒、细菌性痢疾等肠道传染病。

　　传染病的传播途径众多，但"途径千万条，预防第一条"，我们要积极预防，采取科学有效的预防措施，让传染病无机可乘。

② 釜底抽薪的防治——控制传染源

丁小香：

要想了解传染源一词，首先要了解传染病的种类。

传染病的种类有很多，我们可以根据传播途径的不同，将其划分为呼吸道传染病、消化道传染病、血液传染病和体表传染病四类病。

呼吸道传染病是病原体侵入到我们的呼吸道黏膜引起的传染病，常见的有流行性感冒、百日咳、猩红热等。消化道传染病则是病原体到了消化道黏膜后引起的传染病，常见的有细菌性痢疾、伤寒、脊髓灰质炎等。同学们小时候被统一要求吃的"糖衣炮弹"就是预防脊髓灰质炎的疫苗。血液传染病是病原体以跳蚤、蚊子等为媒介引起的传染病，又被称为虫媒传染病。体表传染病是指通过直接或间接与患病的人、动物、含有病原体的土壤、水等接触使病原体经过皮肤进入人体所引起的传染病。

如果你觉得上面的名词太过深奥，那不妨看一下下面几个常见的传染病，你会发现它们其实就潜藏在我们身边，伺机而动。

流行性感冒，大家并不陌生，它是由流感病毒引起的呼吸道传染病，一般秋冬季节是其高发期。它通过空气中的飞沫、人与人的接触或与被污染物品的接触而传播，传染性强，极易大范围流行。流行性感冒的潜伏期较短，一般患者会有体温升高、全身乏力等症状，严重时会致人死亡。

另外，我们前文已经了解过，霍乱是由霍乱弧菌引起的烈性肠道传染病。俗话说"病从口入"，这个传染病就是典型的"病从口入"。饮用未煮沸的水，进食生的或未煮熟的食物等都有可能感染疾病。

父母经常告诫我们被小猫小狗抓了要去打针，这个预防的就是狂犬病。除了狗，猫、狼、狐狸也能传播狂犬病。最主要的传播途径就是通过咬伤传播，而宰杀病犬也有可能感染狂犬病。

病原微生物这个东西其实是很可恶的，它们成千上万，它们的身影在空气中飘荡，四处寻觅一个合适的巢穴来定居，可定居后又会一边破坏巢穴的一砖一瓦又一边繁衍后代，住不下去了又会再去祸害下一个地方。

病原体的致病能力是很强的，它的手段也很多，侵袭力、变异性再加数量，多路并发与人体的免疫反应作斗争。要想将它们尽快解决，就需要有效控制传染源。

 **小贴士**

单一的病毒粒子非常小，直径多数在 100 纳米左右。

传染源是指体内有病原体生长繁殖并能将其排出体外的人和动物，如各种传染病患者、病原携带者及受感染的动物等。控制传染源是指将传染源控制在流行的范围内，不让它传染到其他区域。控制传染源的措施是隔离传染源，一旦发现尽快隔离。

小贴士

森林或草原发生火灾时，消防人员一般会采取挖隔离带的措施，将火灾区域圈住。隔离传染源也是这个道理。

传染病相比于其他不具有传染性的疾病，有以下四个方面的特征：

（1）每种传染病都由特异的病原体引起。在这些病原体中，微生物占绝大多数，那都是我们用肉眼看不见的"小家伙"在身体里捣乱。

（2）传染病具有传染性，我们没有听说过头痛和牙痛会传染人，但传染病不同，病原体会通过一定方式，到达新的易感者体内，呈现出一定的传染性。

（3）传染病有一定的流行病学特征。传染病的流行过程有流行性、地方性、季节性、周期性的特征。传染病与地理条件、温度、湿度等因素有一定的关联。

（4）感染后常有免疫性。得过传染病的人，往往会产生对同一种传染病病原体的免疫，比较常见的有水痘等。

传染病的危害十分巨大，从古至今为人类文明的发展带来的破坏无法估量。看到这里，肯定有小朋友要问了：不是有很多办法来遏制传染病吗，为什么我们非要逮着传染源不放呢？我们先给大家讲个小故事。

　　春秋时期，魏文王有一次问名医扁鹊："你和你的两个哥哥，谁的医术最高明？"扁鹊回答："大哥最厉害，二哥次之，我最不行。"魏文王又问："那为什么兄弟三人中你最出名？"扁鹊又说："我大哥治病，是在人们的病情发作之前就治好了，平常人们都察觉不到，自然也就不会宣传他的医术，只有我们家的人才知道；我二哥治病，是治病于病情初起的时候，所以人们以为他只能治轻微的小病；而我治病的时候，人们大多已经病入膏肓了，我这时候把他们的病治好，自然就会被以为很厉害了。"

扁　鹊

　　可以看出，扁鹊是把医人分了三个等级的，排除他自谦的可能性，这套说法放到现在也能成立。防病总比治病先行——你都把病防住了，扼杀在摇篮里了，哪还需要再花什么冤枉钱治病呢？从时间、人力、效率、可行性等多方面来说，都能体现出控制传染源的重要性。

　　隔离是控制传染源的一种笨方法。这种方法虽然笨，但也确实行之有效。在我们无法确定治疗方法之前，杜绝人的流动是个有效的措施。通过控制人口流动，把病毒困在一个地方，它就无计可施了。

控制传染源是控制传染病传播的重要措施之一，是釜底抽薪的方法，是未雨绸缪的措施。

人类在与传染病的屡次交战中也积累出来了一套预防措施：管理传染源、切断传播途径和保护易感人群。

如果我们在日常生活中发现了疑似的传染病患者，一定要及时地向老师或家长反映。而如果我们自己不慎被感染，也需要如实反映，医生问什么就要回答什么，这样做既能快速对症下药，也可以避免你再传给其他人。

保护易感人群也很重要。他们容易被感染，这就增加了控制传染病的难度。孩童体质偏弱，一般需要在合适的时候接种疫苗，而老人就需要精心照料和如实告知病毒危害，奉劝他们在特殊时期减少外出的次数。

当然了，如果不幸患病我们也不要太过惊慌，要配合隔离治疗，越早发现，就能越早战胜病魔。

③ 给自己加一层保障——疫苗

丁小香：

尖细的针头、长长的队伍、哭喊的小朋友……怎么样，是不是已经有人回忆起小时候被逼着打针的场景了？也许你们到现在也不明白：为什么我明明没有病，还非要被针扎，甚至在胳膊上留下一个永远也消不去的疤？

要想弄明白这件事，恐怕还要追溯到300多年前。

1749年5月17日，爱德华·琴纳出生于英国格洛斯特郡伯克利牧区的一个牧师家庭。琴纳小的时候，天花这种使人闻之色变的瘟疫就已经遍布了整个欧洲。在英国，几个人中就会有一个人感染上这种病。得天花的成年人在脸上或身上会留下难看的疤痕，成千上万的人由于这种可怕的病变疯变傻，家破人亡、妻离子散的惨剧时有发生。琴纳看到天花给人类带来的灾难，他在 13 岁时就立下了当医生的梦想，他希望凭借自己的努力结束这一现状。

后来，琴纳跟随外科医生卢德洛学习医术。20 岁时，他已经是一名能干的助理外科医生了。在一次偶然的医疗实践中，琴纳接触到一位牧场挤奶女工，她在患牛痘的母牛上感染牛痘后，便没再染上天花。琴纳由此受到启发，经过 20 多年的探索和求证，终于在 1796 年 5 月的一天早晨，成功用清洁的柳叶刀在一个叫杰米的孩子胳膊上划破几道，接种上牛痘浆。杰米之后就没有得天花。事实证明，接种牛痘是预防天花的有效途径。牛痘疫苗从此产生了！

爱德华·琴纳

牛痘接种的成功，为免疫学开创了广阔的领域，意义非凡。在国际上，琴纳也因此获得了很多的称赞，就连拿破仑也曾赞誉琴纳为伟人。

牛痘疫苗可以在实验室大量生产，这弥补了人痘疫苗的不足，而且接种牛痘疫苗只会引起局部反应，却能有效预防天花。事实上，所有现代接种法都是来源于琴纳的第一次伟大发现。

小贴士

免疫学的发展经历了四个时期，即经验免疫学时期、经典免疫学时期、近代免疫学时期和现代免疫学时期。

当然了，随着科学的进步和医疗技术的发展，如今接种疫苗的方式多种多样，可以通过皮下注射、皮上划痕、皮内注射、肌肉注射、口服等方法进行疫苗的接种。

病原体本身也会更新换代，有些疫苗过时了，又会有新的疫苗出现。总之，它是根据病原体制作的药物，随着病原体的变化，疫苗也会更新，所以家长以前接种的疫苗和现在我们接种的并不完全一样。

疫苗是将病原微生物（如细菌、立克次氏体、病毒等）及其代谢产物，经过人工减毒、灭活或利用转基因等方法制成的用于预防传染病的自动免疫制剂。通俗来说，我们是在用敌人来抵抗敌人，让它们自相残杀。

疫苗保留了病原菌刺激动物体免疫系统的特性，所以当动物体的免疫系统接触到这种不具伤害力的病原菌后，便会自动产生一定的保护物质。当再次接触到这种病原菌时，动物体内的免疫系统便会按照原来的记忆，制造更多的友军来抵御外敌了，而友军的装备，多是根据敌人的装备打造而成，天然地克制着它们。短兵相接后，胜利自然是不在话下了。

小贴士

抗体是机体在抗原物质刺激下，由 B 细胞分化成的浆细胞所产生的、可与相应抗原发生特异性结合反应的免疫球蛋白。

我们从疫苗中获得的针对某一种传染病的抗体，其实是一种免疫球蛋白。它在遭遇入侵体内的寄生虫或微生物时，会中和其所具有的毒素或者清除某些自身抗原从而达到保持机体平衡的效果。

疫苗打入体内后，生效需要一个过程，这也就是抗体进入人体后的三个阶段：初次反应产生抗体——再次反应产生抗体——回忆反应产生抗体。初次进入人体的抗原需要一定潜伏期才可以产生出抗体，当相同抗原第二次进入机体后，原有抗体中的一部分与再次进入的抗原结合，原有抗体量略有下降。随后，抗体效价迅速大量增加，在人体内留存的时间也会变长。由抗原刺激机体产生的抗体，经过一定时间后可逐渐消失。此时若再次接触抗原，可使已消失的抗体快速上升。

小贴士

按照我国国家免疫规划疫苗的免疫程序，宝宝必须在 1 岁内完成 5 种疫苗的接种，包括乙肝疫苗、卡介苗、脊灰疫苗、百白破疫苗和麻疹疫苗。

在我国，疫苗分为两类。第一类疫苗，是指政府免费向公民提供，公民应当依照政府的规定受种的疫苗，包括国家免疫规划确定的疫苗，省级人民政府在执行国家免疫规划时增加的疫苗，以及县级以上人民政府或者其卫生行政部门组织的应急接种或者群体性预防接种所使用的疫苗；第二类疫苗，是指由公民自费并且自愿受种的其他疫苗。

我们曾经接种的疫苗，在我们不曾察觉的情况下，会暗中保护我们，使我们免于遭受乙肝、脊髓灰质炎、百日咳、白喉、麻疹等疾病的侵害。

我们接种的绝大多数疫苗都是免费的，但有些宝宝天生体质就弱，或者有些家长特别为孩子的健康状况担心，所以也有人会接种第二类疫苗以预防其他疾病，例如流感疫苗、肺炎疫苗和狂犬病疫苗。至于成人疫苗，可选择的种类很多，比如乙肝疫苗、甲肝疫苗、支气管炎疫苗、乙脑疫苗、痢疾疫苗、宫颈癌疫苗、霍乱疫苗等。

别看现在疫苗学分类多、内容广，但它的发展道路一直是崎岖的，以前的医生不知道走了多少次弯路，才把疫苗学发扬光大。刚才提到的琴纳，就是众多医者中比较突出的一员。尽管他的贡献很大，但当时人们也只是知道疫苗能治天花，真要弄明白微生物和疾病的关系，还需要了解另一位伟人。

19世纪，欧洲各国资本的原始积累已经完成，都在铆足了劲儿发展经济，而随着经济的发展，各个学科也都在高歌猛进。在这个大背景下，路易·巴斯德却揪着显微镜不放，他无心沉醉于外面的灯红酒绿，而是对显微镜下的微观世界充满兴趣。

实际上，"人类之所以得病是因为身体的微小生物"这个理论早就问世，与之相关的文章和争论也不少。但下面这个说法就是巴斯德自己独有的了：特定的病原会造成特定的疾病。

为了验证这个说法，巴斯德先是在很多动物身上做了各种试验。在确定没有危险的前提下，他最后才在人身上做试验。随着巴斯德理论的完善，他决定研制疫苗。

那一年是 1881 年，巴斯德和助手选择羊作为试验对象。他们首先将羊分为两组，一组试验注射减毒的炭疽疫苗，而对照组不予注射。之后分别再给两组注射活炭疽杆菌，等到两天后，对照组的羊全部死去，而打过疫苗的羊却都活蹦乱跳，非常健康。疫苗的效果就这样被证实了！

巴斯德更为出名的成就，是后来发明的狂犬病疫苗。而且他还建立了多种链球菌与特定疾病的关联，对微生物学做出了极大的贡献。因此，他也被人们称为"微生物学奠基人"。

路易·巴斯德

19 世纪末的微生物学散发着熠熠光辉，不止巴斯德，和他同时代的德国人罗伯特·科赫创造了"科赫法则"，此法则为病原微生物学系统研究方法的建立奠定了坚实的理论基础。"科赫法则"可以用以证明某微生物确系某传染病病原体。病因既然明确了，人们也能够循着它的脉络找到对付很多疾病的方法。疫苗的预防、药物的治疗、防控能力的加强都使人类不再过于畏惧传染病，我们也能更加豪迈地迎战疫病，为幸福的明天努力。

小贴士

巴氏酸奶制作过程中使用的巴氏灭菌法，说的就是由巴斯德发明的冷杀菌法。

　　最后，我们还需要简单谈谈研制疫苗的重要性。

　　很多传染病来得快去得也快，而我们研制疫苗却需要很多准备程序，需要时间，需要金钱，失败也往往是常事。但我们还是要努力研制，毕竟疫苗是预防传染病的有效手段，哪怕这次用不到，当病原体卷土重来之时，疫苗就会大显身手。

　　疫苗的发明及应用是人类利用微生物攻击微生物的一大创举，它将医学带入微观领域，以另一种更加细微的视角去钻研疾病、对抗疾病。疫苗的推广、显微镜的发展、培养细菌技术的改进都推动了人类社会的进步。如此渺小的一类微生物随着人们的努力改变了现代社会。同学们在把目光聚焦到地球之外的那片星空时也应想到：在我们脚下，在我们身边，在我们体内，与宏大相对应的微小，也持续地影响着人类的现在及未来。

四

新中国公共卫生领域的重大成果

一个科研的成功不会很轻易，要做艰苦的努力，要坚持不懈、反复实践，关键是要有信心、有决心来把这个任务完成。

——中国首位诺贝尔医学奖获得者　屠呦呦

丁小香：

新中国成立以来，我们的公共卫生体系从无到有、从小到强，面对猖狂传播的传染病，从被动防御到主动出击，取得了一系列的重大成果。

抗击鼠疫

1949年10月，就在新中国成立不久，察北专区即出现了大规模鼠疫暴发、流行和人员伤亡的重大突发事件。这次鼠疫的发生，是对党和政府的一次严峻考验。

中共中央成立了察哈尔省防疫灭疫委员会，布置开展声势浩大的灭鼠运动，建立卫生防疫队指导防疫工作。与此同时，实行疫区封锁和国内交通管制。毛泽东主席对察北专区鼠疫的流行也十分关心，电请斯大林及苏联政府同意，派遣防疫队来华协助防治鼠疫。

1949 年 12 月初以后，察北专区鼠疫彻底绝迹，封锁解除。新中国第一次抗击瘟疫取得全面胜利。

到了 1955 年，通过持久不懈地开展"除四害"活动，鼠害大幅度减少，再加上采取了各种行之有效的防治措施，我国基本控制了人间鼠疫的流行。

降服霍乱

通过前面的讲解，我们都知道霍乱是一种非常凶险的传染病。新中国成立以后，通过发动爱国卫生运动，我国城乡居民的生活环境和保健措施得到很大改善，再配合实行各种卫生防疫措施，到 20 世纪 60 年代初，霍乱在我国已基本绝迹。

值得一提的是，霍乱在世界历史上曾发生过 7 次世界范围的大流行。前 6 次霍乱大流行，每一次都严重祸及我国。1961 年，出现了霍乱第 7 次世界大流行。这次霍乱来势汹汹，起于印度尼西亚，然后传到亚洲其他国家以及欧洲，再后来于 1970 年进入非洲，百年不见霍乱踪影的非洲从此深受其苦。因得益于我国开展的爱国卫生运动，此次霍乱大流行没有影响我国。这充分说明了，在我国现代卫生体系越来越完善的今天，霍乱已经很难再兴风作浪了。

消灭天花

1950 年 1 月至 8 月，我国境内天花患者据统计有 44211 例，因天花而死亡者达到了 7765 人。为了消灭天花这个可怕的对手，1950 年 10 月，周恩来总理签发《关于发动秋季种痘运动的指示》，做出在全国推行普遍种痘的决定。我们与天花的大决战开始了！

在全国总动员下，战斗的进程是迅速的。当年，北京天花疫苗接种率达到 80%，成为我国首先消灭天花的城市。到 1952 年，全国各地接种牛痘已达 5 亿多人次。到 1958 年，全国天花病例数锐减为 300 多例。

天花并没有就此善罢甘休，依然想要死灰复燃。1959 年春天，有 6 人从缅甸入境，把天花带到了云南省沧源县。随后，又有 2 人从境外把天花带到了云南省沧源县。这一次天花流行最终造成 672 人发病，96 人死亡。这是我国最后一次暴发流行天花。

随着 1961 年我国最后一例天花病人的痊愈，我国境内再未见到天花病例。我们终于战胜了天花！

战胜性病

性病不是某一种疾病，实际上是以人们的性行为为传播途径的多种传染病的总称，如梅毒、淋病、软下疳、尖锐湿疣等。据新中国成立之初的一次普查，当时我国有各种性病患者 1000 多万人。

防止性病传播的最有效措施就是规范人们的日常行为。新中国成立后不久，政府就采取了取缔妓院、改造妓女、严禁各种形式的性交易行为等一系列强有力的性病防治措施。同时，在全国范围内进行普查，将普查出来的性病患者进行集中免费收治。在大家的努力下，没有几年工夫，性病基本绝迹。

防控血吸虫病

血吸虫病在今天听起来你可能会感到陌生，但在过去却是危害极大的一种传染病。它是由裂体吸虫属血吸虫引起的一种慢性寄生虫病，主要流行于亚、非、拉美的 73 个国家，全世界患病人数约 2 亿。据有关资料记载，此病曾在我国肆虐了 2000 多年，就连长沙马王堆出土的汉墓女尸中，也发现了血吸虫卵。

血吸虫病在我国俗称"大肚子病"，患者腹胀如鼓、上吐下泻、消瘦贫血、肝脾肿大、气促胸痛，重者神志昏迷，不久就会死亡。血吸虫病流行严重的地区，往往十室九空、田园荒芜。1957 年 4 月 20 日，国务院发出《关于消灭血吸虫病的指示》。农民、城市居民、解放军官兵、学生一齐出动，消灭血吸虫的中间宿主——钉螺；使用多种灭螺的药物，创造多种灭螺的方法。该病的传播依赖于水源，许多河流、湖泊、水塘、水田等当时已被血吸虫污染，成为"疫水"。在全国动员下，疫情很快得到控制。

1958 年 6 月 30 日，《人民日报》发表了通讯《第一面红旗》，报道了江西省余江县消灭血吸虫病的经过。毛泽东主席读后十分欣慰，他随即写下《七律二首·送瘟神》。

此后，长江以南 350 多个县（市），陆续宣布消灭或基本消灭了血吸虫病。全国累计治愈血吸虫病患者约 1000 多万人。

七律二首·送瘟神

毛泽东

读六月三十日《人民日报》，余江县消灭了血吸虫。浮想联翩，夜不能寐。微风拂煦，旭日临窗。遥望南天，欣然命笔。

其一

绿水青山枉自多，华佗无奈小虫何！
千村薜荔人遗矢，万户萧疏鬼唱歌。
坐地日行八万里，巡天遥看一千河。
牛郎欲问瘟神事，一样悲欢逐逝波。

其二

春风杨柳万千条，六亿神州尽舜尧。

红雨随心翻作浪，青山着意化为桥。

天连五岭银锄落，地动三河铁臂摇。

借问瘟君欲何往，纸船明烛照天烧。

攻克疟疾

据世界卫生组织 1971 年的统计，当时全世界有 18.27 亿人生活在疟疾流行区，每年有 2.5 亿人患疟疾，250 万人因此死亡。所以说，疟疾一直是人类健康一个不可忽视的对手。

新中国成立以后，我们开展了大规模的群众性"除四害"运动，全民动手消灭蚊子，整治各种蚊蝇孳生地，使蚊蝇数量显著下降。与此相关联，疟疾的发病率也逐年下降，到 20 世纪 80 年代，我国的疟疾发病率开始出现明显的下降。云贵、两广等地从高发区相继降为"低疟区"。

20 世纪 60 年代初，世界医药界发现：恶性疟原虫对传统治疟特效药物氯喹产生了抗药性，迫切需要寻找抗疟新药。美国、德国、英国、法国都为此项研究工作投入了大量人力、财力，但都没取得满意的结果。

1971 年 10 月，我国卫生部中医研究院中药研究所发现中药青蒿（黄花蒿）的提取物对鼠疟、猴疟有显著抗疟作用，临床试验具有很好疗效。1972 年，从青蒿提取物中分离出抗疟有效单体，命名为青蒿素。青蒿素治疗抗氯喹的恶性疟疾，起效快、毒性低，疗效显著。青蒿素的研发者屠呦呦是我国首位获得诺贝尔生理学或医学奖的科学家，但大家应当记住，这一重大成果是许多科学工作者共同协作努力的结果。

铲除脊髓灰质炎

脊髓灰质炎又称小儿麻痹症，这种疾病由脊髓灰质炎病毒引起，传染性很强。它侵袭神经系统，在极短的时间内就可引起一块或一组肌肉萎缩，严重者可四肢瘫痪或呼吸衰竭。在 20 世纪 50 年代出生的人群中，脊髓灰质炎的患者相当常见。

1955 年，江苏南通暴发大规模的脊髓灰质炎疫情，全市 1680 人突然瘫痪，大多为儿童，其中 466 人死亡。随后疫情开始蔓延，全国多处暴发疫情，脊髓灰质炎如洪水猛兽，人人闻之色变。

为了消灭脊髓灰质炎，我国著名的病毒学家顾方舟临危受命，开始了脊髓灰质炎疫苗的研究工作。当时世界上有死疫苗和活疫苗两种疫苗，死疫苗能够产生抗体保护个人，但不能阻止人与人之间的传播扩散，并且费用昂贵；活疫苗能够引起身体变化，不但能产生抗体，而且还能阻断病毒的传播。顾方舟结合我国国情提出使用活疫苗的建议，在昆明建立医学生物学研究所，与死神争分夺秒。

采取活疫苗的技术路线，是我国消灭脊髓灰质炎的一个重要决断，也是顾方舟一生最重要的一个贡献。脊髓灰质炎疫苗第一批生产了 500 万份。1960 年底，首批 500 万份疫苗在全国 11 个城市进行了推广，流行病的高峰退了下去。值得一提的是，在临床试验阶段，顾方舟不惜携子试药，获得了宝贵的临床数据。

2000 年 7 月 11 日，在我国消灭脊髓灰质炎证实报告签字仪式上，已经 74 岁的顾方舟作为代表，签下了自己的名字。我国成为无脊髓灰质炎国家。

抑制病毒性肝炎

病毒性肝炎是我国法定报告传染病中报告病例数排第一的乙类传染病。由于病原体的不同，病毒性肝炎有多种类型，加上传播过程比较隐蔽，它一直危害着公共健康。时至今日，病毒性肝炎依然是全球主要的卫生挑战，其中乙肝和丙肝影响到全球 3.25 亿人，每年导致 140 万人死亡。

我国乙肝疫苗于 1982 年面世，经过多年推广应用，证明该疫苗安全有效。因为丙肝感染需要乙肝病毒作为辅助，接种乙肝疫苗，同时也就预防了丙肝。

近年来，我国大力推广乙肝疫苗接种，防治工作持续不断加码。2014年，我国 1—4 岁的人群乙肝病毒表面抗原流行率是 0.32%，提前实现了世界卫生组织西太区乙肝控制的目标。2018 年，我国甲肝报告发病率为1.17 ／ 10 万，也已降至历史最低水平。我们与病毒性肝炎的战斗取得了显著成绩，但仍不能放松，我们还要做好长期应对的思想准备。

消灭流行性出血热

流行性出血热又被称为肾综合征出血热，是由汉坦病毒引起的，以鼠类为主要传染源的自然疫源性疾病。这种可怕的疾病可通过多种方式传播，以发热、低血压休克、充血出血和肾损害为主要表现。20 世纪 80 年代，出血热在我国暴发流行，年发病人数达 10 万例以上，病死率超过 10%。

在疫情的威胁下，党和国家高度重视流行性出血热防治工作。中华医学会传染病与寄生虫病学分会成立了流行性出血热学组，由于丹萍教授担任组长，组织专家开展出血热临床诊断和治疗研究。专家们很快制订了我国《流行性出血热防治方案》，提出预防性治疗等一系列行之有效的诊疗方案，通过全国推广，大大降低了出血热的发病率和病死率。

打败"非典"

"非典"（SARS）曾给我国带来很大的影响，不过猖狂的病魔最终还是被我们打败了。

"非典"于2002年在我国广东顺德首发。事件发生后，有关部门连夜将一些患者和病人家属隔离起来。快速颁布控制措施，有效防止了病毒扩散。

接下来，切断主要传播途径。社会各界都尽最大努力控制患病人员和疑似人员流动。2003年4月30日以后，疫区所有搭乘公共交通工具的人，都先检查体温。SARS病毒的传播需要借助中间宿主。去掉中间宿主，传播途径被截断，"非典"自然也就"消失"了。

在经历了长达半年之久的拉锯战后，世界卫生组织终于宣布我国脱离了"非典"疫情。

其他防治成果

在现代公共卫生领域，除了我们打赢的几次大的战役之外，也有许许多多的小战斗在我们看不到的地方默默进行。

我国在成立各级爱国卫生运动委员会的同时，也成立了各级卫生防疫站。各级卫生防疫站一方面对群众的爱国卫生运动做各种指导；另一方面，又对群众爱国卫生运动成果进行统计和评比。不仅如此，卫生防疫站还负责在调查的基础上制订各种政府防疫投入计划，如公厕改造计划、改阴沟工程等。

全国农村推进三级卫生体制的建成。县防疫站与县中心医院既有明确的分工，又相互密切配合。三级卫生体制形成后，我国的公共卫生体系行之有效地运转起来。一系列的措施，有"防"有"治"，把我国的卫生条件推到全新的高度。

随着社会的发展，如今我们对生命健康有了更新和更高的要求。2003

年的 SARS，以及高致病性禽流感、新型冠状病毒肺炎等传染性疾病，更是对我国的公共卫生事业提出了新的挑战。自 2002 年 9 月至 2005 年底，全国疾病预防控制体系建设项目 2416 个，总投资 105 亿元；突发公共卫生事件医疗救治体系建设项目 2649 个，总投资 164 亿元；省级疾病预防控制机构和卫生监督执法机构改革全部完成，市（地）级改革大部分完成，县（区）级改革部分完成，具有中国特色的疾病预防控制体系基本形成。

我们应该清醒地认识到，建立和完善我国的公共卫生体系总体目标仍需所有人不断努力。同时我们也应该懂得一个道理：我们之所以能够拥有幸福安康的今天，是在过去的岁月里，有无数人在背后默默地努力。我们的胜利来之不易。

图书在版编目（CIP）数据

我们的微生物世界：传染病防控科普读本 / 高阳编
著 . -- 济南：济南出版社，2020.5
ISBN 978-7-5488-4315-3

Ⅰ . ①我… Ⅱ . ①高… Ⅲ . ①微生物 – 少儿读物
Ⅳ . ① Q939-49

中国版本图书馆 CIP 数据核字（2020）第 081505 号

我们的微生物世界
传染病防控科普读本

出 版 人	崔　刚
特约专家	苑广盈
责任编辑	雷　蕾
封面设计	焦萍萍
内文插图	乔　娜

出版发行	济南出版社
地　　址	山东省济南市二环南路1号（250002）
编辑热线	0531-81769063
发行热线	0531-86131728　86922073　86131701

印　　刷	山东联志智能印刷有限公司
版　　次	2020年5月第1版
印　　次	2020年5月第1次印刷
成品尺寸	170mm×240mm　16开
印　　张	8.75
字　　数	120千
印　　数	1—3000册
定　　价	39.80元

（济南版图书，如有印装错误，请与出版社联系调换。联系电话：0531-86131736）